B. I.-Hochschultaschenbücher
Band 828

Lineare Algebra

von
Rolf Lingenberg †
o. Professor an der Universität Karlsruhe

Bibliographisches Institut Mannheim/Wien/Zürich
B. I.-Wissenschaftsverlag

Druck und Bindearbeit: Hain-Druck GmbH, Meisenheim/Glan
Printed in Germany
ISBN 3-411-00828-8

V o r w o r t

Das vorliegende Skriptum enthält im Wesentlichen meine Notizen für die Vorlesung "Analytische Geometrie und lineare Algebra I", welche ich im Wintersemester 1967/68 an der Technischen Hochschule Darmstadt gehalten habe (vierstündig). Außer § 3.4, § 4.6 und Paragraph 12, der erst im Sommersemester 1968 behandelt werden konnte, ist alles in einem Semester vorgetragen worden. In den ersten Paragraphen hat Herr Dr. B. Bollow zur Erleichterung für den Anfänger manches ausführlicher aufgeschrieben, als es in meinen Aufzeichnungen stand. Frau A. Treede und Herr H. Laue haben das Manuskript hergestellt, Herr Dr. U. Ott und Herr H. Kreuzig haben die Korrekturen gelesen. Allen Genannten danke ich sehr herzlich.

R. Lingenberg

Inhalt

Analytische Geometrie und lineare Algebra I

Einleitung

Das Wort Geometrie bedeutet ursprünglich Landmessung. Aus der Lehre vom Ausmessen von Flächen im Lande wurde schon bei den Griechen vor etwa 2000 Jahren die Lehre vom Raum, von den Beziehungen der Figuren in der räumlichen Anschauung. Dabei - und dies wurde entscheidend nicht nur für die Geometrie, sondern für die gesamte Wissenschaft - erkannten die Griechen, daß man auch für die geometrischen Aussagen und Sätze einen logischen unanfechtbaren Beweis braucht, der nicht die Anschauung als wesentliches Beweismittel verwendet. Dies erscheint paradox, weil die Geometrie es doch mit scheinbar ganz anschaulichen, greifbaren Dingen zu tun hat: mit Punkten, Geraden, Winkeln und Strecken, Flächeninhalten ... Aber gerade dadurch wurde die Geometrie zu einer objektivierbaren Wissenschaft, die von einigen Grundbegriffen und -aussagen ausging und die mit ihnen dann das ganze Gebäude der geometrischen Erkenntnisse allein mit Hilfe der Gesetze der Logik aufbaute. Dieser zuerst in der Geometrie beschrittene Weg ist heute in weiten Bereichen der Mathematik üblich. Auch in dieser Vorlesung werden wir ihn gehen. Ein wenig hat sich nur die Auffassung der Grundbegriffe und der Grundvoraussetzungen (die man heute - auch nach dem Vorbilde Euklids - Axiome nennt) geändert. Waren sie bei Euklid noch unbezweifelbare Begriffe und Aussagen über die Wirklichkeit, so sind sie heute vom Standpunkt der Logik aus willkürliche Setzungen. Die einzigen Grundbegriffe und -aussagen, die dieser Vorlesung zugrunde liegen, sind die der Mengenlehre, also der Begriff der Menge, des Elementes einer Menge, der Aussagen über Mengenoperationen, wie das Bilden von Vereinigung und Durchschnitt von Mengen. Allerdings können wir unsere Voraussetzungen nicht genau formulieren, einfach deswegen, weil die Axiomatisierung der Mengenlehre bisher noch nicht befriedigend gelöst worden ist. Wir wollen uns daher auf unser intuitives Verständnis von Mengen verlassen - und bisher sind in unserem Rahmen keine Schwierigkeiten damit aufgetreten.

Man sollte sich aber die wirklich erstaunliche Tatsache vor Augen halten, daß sich alle übrigen Begriffe in dieser Vorlesung aus dem Mengenbegriff herleiten lassen - z. B. der Begriff eines Punktes bzw. einer Geraden, der Begriff einer Funktion, der Begriff eines Vektors, auch die Rechenoperationen wie Addition und Multiplikation. Dadurch gewinnt der Aufbau der Geometrie große Einheitlichkeit.

Als das schlagkräftigste Hilfsmittel zur Behandlung geometrischer Fragen haben sich die Methoden der analytischen Geometrie herausgestellt. Die Weiterentwicklung der auf DESCARTES zurückgehenden analytischen Geometrie, bei der Punkte in der Ebene durch Zahlenpaare und Geraden durch lineare Gleichungen beschrieben werden, hat zur Verwendung der linearen Algebra geführt. Da die Verfahren der linearen Algebra heute nicht nur in der Geometrie, sondern auch in vielen sehr wichtigen anderen Bereichen der Mathematik und ihrer Anwendungen entscheidend gebraucht werden - die lineare Algebra ist im Gesamtbereich der Mathematik heute viel wichtiger als die analytische Geometrie - sollen sie in dieser Vorlesung in erster Linie behandelt werden. Die analytische Geometrie wird dabei mehr die Rolle spielen, genügend Anschauungsmaterial zur Verfügung zu stellen. Hierzu dient vor allem der § 2 dieser Vorlesung, der aus dem strengen Aufbau des übrigen Teils der Vorlesung insofern herausfällt, als er ohne genaue Begründungen elementargeometrische Begriffe und Sätze verwendet.

§ 1 Mengen und Abbildungen

In diesem Paragraphen wollen wir alle die Begriffe aus der auf einem intuitiven Verständnis beruhenden "naiven" Mengenlehre nennen, die Grundlage für die meisten Theorien in der Mathematik und insbesondere dieser Vorlesung sind. Außerdem wollen wir aus dem Begriff einer Menge den einer Relation, insbesondere den einer Äquivalenzrelation, und den einer Abbildung herleiten.

1. Mengen

Ist ein Ding a Element einer Menge M , so schreiben wir

$$a \in M$$

und sagen auch: "a gehört zu M", "a liegt in M", "a ist enthalten in M". Gehört a nicht zu M , so schreiben wir $a \notin M$. Enthält M genau die Elemente $a_1, a_2, \ldots, a_n$, so schreiben wir

$$M = \{ a_1, a_2, \ldots, a_n \} \quad .$$

Auf die Reihenfolge der Elemente kommt es dabei nicht an. Zwei Mengen sind gleich, wenn sie dieselben Elemente enthalten. Z. B. ist $M_1 = \{1,2,3\} = \{3,2,1\}$ die Menge, welche aus den Zahlen 1, 2 und 3 besteht. Für die leere Menge (d. h. die Menge ohne Elemente) schreiben wir : $\emptyset$. Häufig kennzeichnet man die Elemente x einer Menge durch eine ihre Elemente charakterisierende Aussage A(x) . Man schreibt dann

$$M = \{ x \mid A(x) \}$$

und liest: M ist die Menge aller x, für die die Eigenschaft A(x) gilt. Z. B. ist $M = \{ x \mid x \text{ ist eine natürliche Zahl und kleiner als } 3 \}$ die Menge, die aus den Zahlen 1,2 besteht.

Als Beispiele von Mengen nennen wir die Menge $\mathbb{N} = \{1,2,3,\dots\}$ der natürlichen Zahlen, die Menge $\mathbb{Z} = \{0,1,-1,2,-2,\dots\}$ der ganzen Zahlen, die Menge $\mathbb{Q} = \{ \frac{a}{b} \mid a,b \in \mathbb{Z} \text{ und } b \neq 0 \}$ der rationalen Zahlen und die Menge $\mathbb{R}$ der reellen Zahlen. Die gewählten Bezeichnungen sollen im folgenden stets die genannten Mengen angeben.

Weitere Beispiele:

1) $M = \{ x \mid x \in \mathbb{N} \text{ und } 0 < x < 4 \} = \{1,2,3\}$.

2) $M = \{ x \mid x \text{ ist eine gerade natürlichen Zahl} \} = \{2,4,6,\dots\}$.

3) $M = \{ (x,y) \mid x,y \in \mathbb{R} \text{ und } x^2 + y^2 = 1 \}$ = Menge der Punkte auf dem Einheitskreis.

4) $M = \{ (x,y) \mid x,y \in \mathbb{Z} \text{ und } x^2 + y^2 = 1 \} =$
$= \{ (-1,0),(0,-1),(1,0),(0,1) \}$.

Die Menge N heißt eine Teilmenge der Menge M , wenn jedes Element von N auch Element von M ist. Bezeichnung:

$$N \subset M ,$$

gelesen: N ist in M enthalten oder M umfaßt N .

Sind M,N zwei Mengen, so heißt die Menge aller Elemente, die in M und in N enthalten sind, der Durchschnitt der Mengen M und N , bezeichnet mit

$$M \cap N = \{ x \mid x \in M \text{ und } x \in N \} .$$

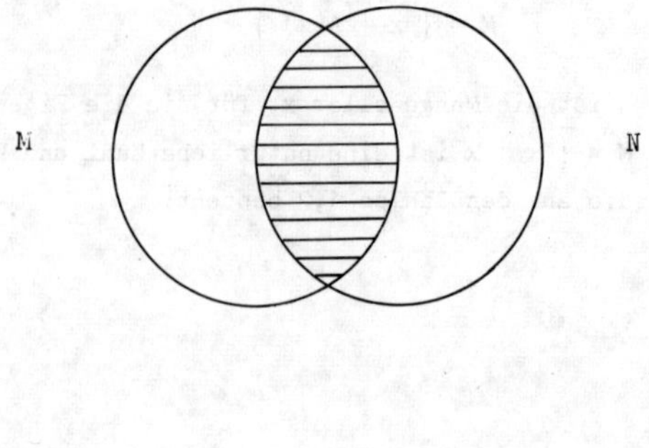

Die Vereinigung der Mengen M und N besteht aus den Elementen, die zu wenigstens einer der beiden Mengen gehören, bezeichnet mit

$M \cup N = \{ x \mid x \in M \text{ oder } x \in N \}$.

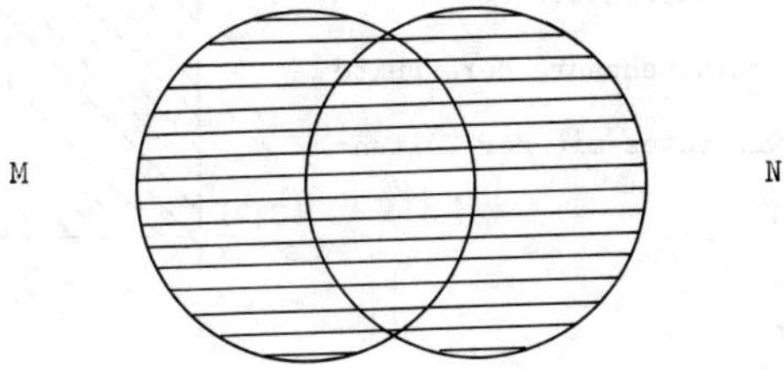

Unter der Differenz der Mengen M und N verstehen wir die Menge

$M \setminus N = \{ x \mid x \in M \text{ und } x \notin N \}$.

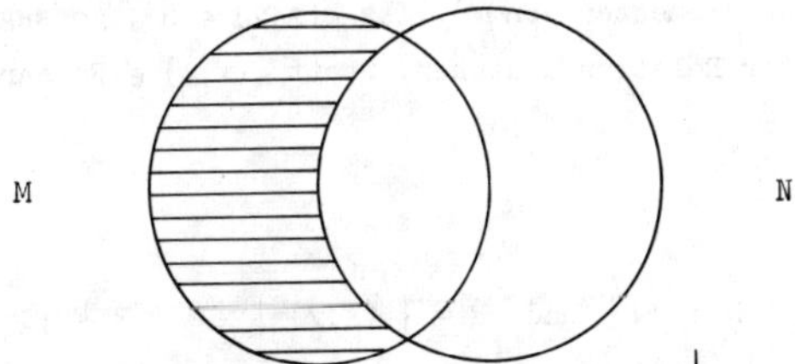

Das Produkt von M und N ist die Menge

$M \times N = \{ (x,y) \mid x \in M \text{ und } y \in N \}$.

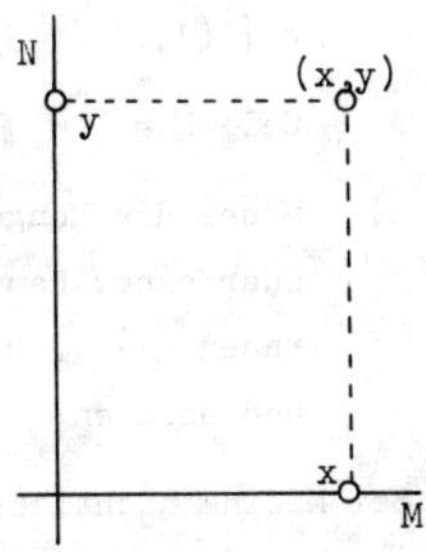

Dabei sind (x,y) geordnete Paare, d. h. es gilt $(a,b) = (c,d)$ genau dann, wenn $a = c$ und $b = d$ ist.

Offensichtlich ist $M \cap N = N \cap M$ und $M \cup N = N \cup M$, aber falls $M \neq N \neq \emptyset$ ist, gilt $M \setminus N \neq N \setminus M$ und $M \times N \neq N \times M$.

Beispiele:

1) Fur jede Menge M ist $M \cap M = M$, $M \cup M = M$, $M \setminus M = \emptyset$.

2) Sei $I = \{ x \mid x \in \mathbb{R}$ und $0 \leqq x \leqq 1 \}$. Dann läßt sich $I \times I$ auffassen als Menge der Koordinatenpaare der Punkte eines Quadrates mit der Seitenlänge 1 .

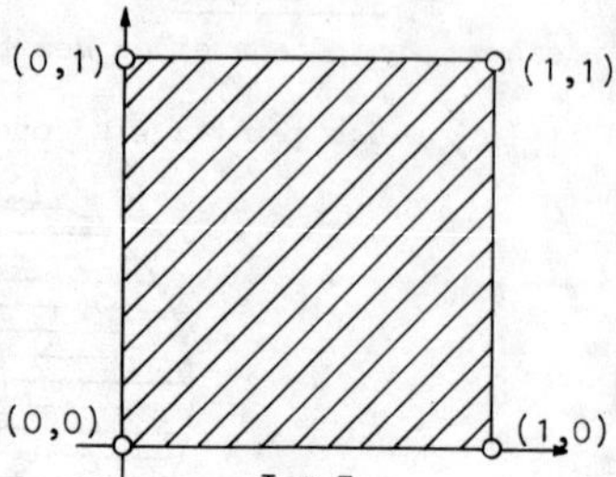

I × I

2. Relationen

Definition: Seien M,N Mengen. Dann heißt jede Teilmenge R von $M \times N$ eine Relation (genauer eine Relation zwischen den Elementen von M und den Elementen von N). Ist $(x,y) \in R$, so sagen wir, daß x und y in der Relation R stehen. Statt $(x,y) \in R$ schreibt man oft xRy .

Beispiele:

1) Sei $M = N = \mathbb{N}$ und $R = \{ (x,y) \mid x < y < 4 \} =$
$= \{ (1,2),(1,3),(2,3) \}$.

2) Sei $M = N = \mathbb{R}$ und $R = \{ (x,y) \mid x + y = 1 \}$.

3) M sei die Menge der Punkte, N die Menge der Geraden einer Ebene oder eines Raumes. $R = \{ (P,g) \mid$ Der Punkt P liegt auf der Geraden g $\}$. R heißt dann die Inzidenzrelation zwischen Punkten und Geraden.

Sei M eine nichtleere Menge und

4) $R = \{ (x,x) \mid x \in M \}$. Es gilt $aRb \Longleftrightarrow a = b$.

5) $R = M \times M$.

6) $R = \emptyset$.

In vielen Fällen betrachtet man Relationen zwischen den Elementen einer Menge M (d. h. $R \subset M \times M$). Folgt aus $(x,y) \in R$ auch

$(y,x) \in R$, so heißt die Relation symmetrisch. Gilt $(x,x) \in R$ für alle $x \in M$, so heißt R reflexiv. Folgt aus $(x,y) \in R$ und $(y,z) \in R$, daß auch $(x,z) \in R$ gilt, so heißt R transitiv.

Eine Relation zwischen den Elementen einer Menge M heißt eine Äquivalenzrelation, wenn sie reflexiv, symmetrisch und transitiv ist. Ist R eine Äquivalenzrelation und $(x,y) \in R$, so nennt man x und y äquivalent und schreibt $x \sim y$.

Beispiele:

1) Sei M die Menge der Geraden der euklidischen Ebene und $R = \{ (x,y) \mid x \text{ parallel zu } y \}$.

2) $M = \mathbb{Z}$ und $R = \{ (x,y) \mid x - y \text{ ist durch 3 teilbar} \}$.

3) M sei die Menge aller Menschen und $R = \{ (x,y) \mid x \text{ ist nicht älter als } y \}$.

4) $M = \mathbb{N}$, $R = \{ (1,2),(2,1) \}$.

Die Relationen aus den Beispielen 1) und 2) sind Äquivalenzrelationen. Ebenso sind es die Relationen aus den Beispielen 4) und 5) der vorigen Seite. R aus Beispiel 3) ist reflexiv und transitiv, aber nicht symmetrisch. Die Relation aus Beispiel 4) erfüllt nur die Symmetrie.

Man spricht von einer Klasseneinteilung einer Menge M , wenn ein System von nichtleeren Teilmengen (den Klassen) von M gegeben ist, derart daß jedes Element von M zu einer und nur zu einer der Teilmengen gehört (dann haben je zwei verschiedene Klassen einen leeren Durchschnitt).

Satz: Eine Äquivalenzrelation R in einer Menge M induziert eine Klasseneinteilung der Menge M . Die Klassen sind dabei die Mengen zueinander äquivalenter Elemente.

Beweis: Sei $K_a = \{ x \mid x \in M \text{ und } x \sim a \}$. Dann überlegen wir zunächst

(i) $$a \sim b \quad \Leftrightarrow \quad K_a = K_b \ .$$

(Der Doppelpfeil bedeutet: Aus der einen Aussage folgt die andere, und aus der anderen folgt die eine.) Sei $a \sim b$. Dann ist jedes Element x von K_a auch Element von K_b , denn aus $x \in K_a$ folgt $x \sim a$, also wegen $a \sim b$ nach der Transitivität $x \sim b$, also $x \in K_b$. Mithin ist $K_a \subset K_b$. Ferner ist auch jedes Element von K_b in K_a enthalten: Aus $x \sim b$ und $a \sim b$, also $b \sim a$ nach der Symmetrie folgt nach der Transitivität $x \sim a$, also ist $K_b \subset K_a$. Mithin muß $K_a = K_b$ gelten.
Sei umgekehrt $K_a = K_b$. Wegen der Reflexivität ist $a \in K_a$, also $a \in K_b$ und damit $a \sim b$, wie behauptet.
Wir beweisen nun den Satz. Die Mengen K_x mit $x \in M$ bilden eine Klasseneinteilung von M . Denn jedes Element a ist Element wenigstens einer der Mengen K_x, nämlich der Klasse K_a . Andererseits folgt aus $a \in K_b, K_c$ nach (i) $K_b = K_a = K_c$, also gehört jedes Element genau einer der Mengen K_x an.

Die Mengen K_x heißen daher Äquivalenzklassen. Jedes Element von K_x heißt ein Repräsentant von K_x . Eine Teilmenge von M , die aus jeder Äquivalenzklasse genau einen Repräsentanten enthält, heißt ein Repräsentantensystem der Äquivalenzrelation.

Beispiel:

In Beispiel 1) für eine Äquivalenzrelation ist jede Parallelenschar eine Klasse. Die Menge aller Geraden durch einen festen Punkt 0 ist ein Repräsentantensystem.

3. Abbildungen

Definition: Eine Teilmenge f der Produktmenge $M \times N$ zweier Mengen M,N heißt eine Abbildung aus der Menge M in die Menge N , wenn gilt

(*) Aus $(x,y) \in f$ und $(x,y') \in f$ folgt $y = y'$.

Abbildungen sind also spezielle Relationen. Statt $(x,y) \in f$ schreibt man auch $y = f(x)$. y heißt das Bild von x hinsichtlich der Abbildung f , x ein Urbild von y .

Sei f eine Abbildung aus der Menge M in die Menge N : Dann heißt f eine Abbildung von M in N , wenn jedes Element von M Urbild eines Elementes von N ist. f heißt surjektiv oder eine Abbildung von M auf N , wenn jedes Element von N Bild eines Elementes von M ist.

f heißt injektiv oder eineindeutig, wenn gilt:

(**) Aus $f(x) = f(x')$ folgt $x = x'$.

f heißt bijektiv, wenn f injektiv und surjektiv ist.

Merkschema:

Für Relation f gilt	aus M in N	von M in N	von M auf N
(*)	Abbildung	Abbildung	surjektive Abbildung
(*),(**)	injektive Abbildung	injektive Abbildung	bijektive Abbildung

Beispiele:

1) Alle "Funktionen einer reellen Variablen x" sind Abbildungen. $y = \sin x$ ist eine Abbildung von $\mathbb{R}$ in $\mathbb{R}$; $y = 2x + 1$ ist eine bijektive Abbildung von $\mathbb{R}$ auf $\mathbb{R}$. $y = \arcsin x$ ist nur dann eine Abbildung, wenn man die Eindeutigkeit durch geeignete Wahl von N erzwingt, z. B. ist $f = \arcsin$ eine bijektive Abbildung von $M = \{ x \mid -1 \leqq x \leqq 1 \}$ auf $N = \{ y \mid -\frac{\pi}{2} \leqq y \leqq \frac{\pi}{2} \}$.

2) Sei $M = N = \mathbb{N}$.

$$f(x) = \begin{cases} 2 & \text{für } x = 1 \\ x & \text{für } x > 1 \end{cases}$$ ist eine eindeutige Abbildung von $\mathbb{N}$ in sich.

$f(x) = x + 1$ ist injektiv, aber nicht surjektiv.

$$f(x) = \begin{cases} 1 & \text{für } x = 1 \\ x - 1 & \text{für } x > 1 \end{cases}$$ ist surjektiv, aber nicht injektiv.

$$f(x) = \begin{cases} 2 & \text{für } x = 1 \\ 1 & \text{für } x = 2 \\ x & \text{für } x > 2 \end{cases}$$ ist bijektiv .

Ist f eine Abbildung von M in N und M' Teilmenge von M , so heißt

$$f(M') = \{ y \mid \text{es gibt ein } x \text{ aus } M' \text{ mit } f(x) = y \} = \{ f(x) \mid x \in M' \}$$

das <u>Bild von M' hinsichtlich f</u> . f(M) heißt der <u>Wertevorrat von f</u> . Für eine injektive Abbildung heißt

$$f^{-1} = \{ (y,x) \mid (x,y) \in f \}$$

die <u>Umkehrabbildung</u> von f oder die <u>inverse Abbildung</u>.

§ 2 Zum Vektorbegriff

Hier unterbrechen wir den strengen Aufbau, der erst im nächsten Paragraphen wieder aufgenommen wird. Die Definitionen und Sätze in diesem Paragraphen sind eigentlich keine Definitionen und Sätze, da die Begriffe und Aussagen, auf denen sie beruhen, nicht genau formuliert werden. Wir wollen nämlich die aus der Schule bekannte Elementargeometrie hier voraussetzen, und damit ist der Boden, auf den wir uns stellen, nicht klar definiert. Trotzdem erscheint es nicht unnütz, diesen Paragraphen - dessen Aussagen erst am Ende der Vorlesung streng bewiesen werden können - an den Anfang der Vorlesung zu stellen. Denn er soll Anschauungsmaterial zur Verfügung stellen, damit der Leser den nachfolgenden Gedankengängen besser folgen kann.

1. Definitionen

Wir arbeiten im folgenden in der "euklidischen Ebene" bzw. im "euklidischen Raum", ohne diese Begriffe genauer zu definieren.

Sind A,B zwei Punkte in der euklidischen Ebene oder im euklidischen Raum, so schreiben wir d(AB) für den Abstand von A und B. Die Verbindungsgerade zweier Punkte A,B soll mit (A,B) bezeichnet werden. Zwei Geraden g,h nennen wir parallel, wenn g und h keinen gemeinsamen Punkt haben oder gleich sind. Wir nennen ein geordnetes Paar A,B von Punkten der Ebene eine gerichtete Strecke, geschrieben $\overline{AB}$; A heißt der Anfangspunkt und B der Endpunkt von $\overline{AB}$.

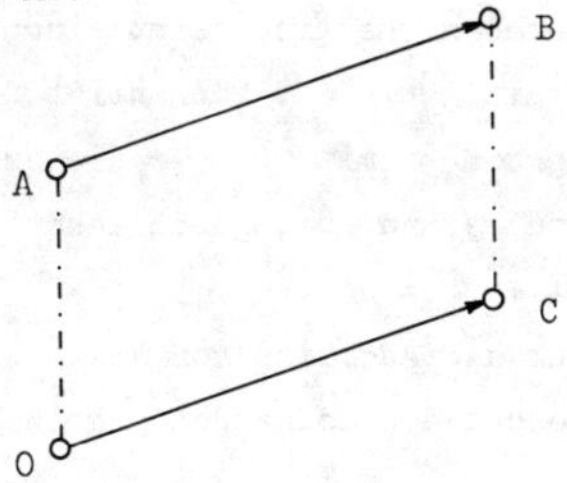

Zwei gerichtete Strecken $\overline{AB}, \overline{OC}$ wollen wir verschiebungsgleich nennen, wenn es eine Translation (d. h. Parallelverschiebung) gibt, die A in O und B in C überführt. Die Relation "verschiebungsgleich sein" ist eine Äquivalenzrelation auf der Menge der gerichteten Strecken der Ebene:

Sie ist reflexiv, denn die identische Abbildung, die jeden Punkt der Ebene auf sich selbst abbildet, ist eine Translation. Die Symmetrie ergibt sich daraus, daß die inverse Abbildung einer Translation wieder eine Translation ist, und die Transitivität folgt aus der Tatsache, daß Translationen hintereinander ausgeführt wieder eine Translation ergeben.

Die Äquivalenzklassen dieser Relation heißen Vektoren. Wir bezeichnen sie mit kleinen deutschen Buchstaben $\mathfrak{a}$, $\mathfrak{b}$, $\mathfrak{c}$, ... Da mit jedem Repräsentanten $\overline{UV}$ eines Vektors $\mathfrak{u}$ der Vektor $\mathfrak{u}$ schon eindeutig festgelegt ist, wird in der Bezeichnungsweise oft nicht mehr zwischen dem Vektor $\mathfrak{u}$ und seinem Repräsentanten $\overline{UV}$ unterschieden. Wählt man einen Punkt O der Ebene fest aus, so gibt es zu jedem Vektor $\mathfrak{x}$ genau einen Punkt X , so daß $\overline{OX}$ dem Vektor $\mathfrak{x}$ angehört. Die Strecken mit dem Anfangspunkt O bilden also ein Repräsentantensystem (man nennt sie auch Ortsvektoren). Die Abbildung, welche jedem Punkt A den Vektor zuordnet, der die Strecke $\overline{OA}$ enthält, ist eine bijektive Abbildung der Punkte der Ebene auf die Menge der Vektoren. Den Vektor der Punktepaare A,A nennen wir den Nullvektor und schreiben $\mathfrak{o}$. Ist $\mathfrak{a}$ ein Vektor und $\overline{OA}$ ein Repräsentant von $\mathfrak{a}$, so heißt die Länge der Strecke $\overline{OA}$ die <u>Länge des Vektors</u> $\mathfrak{a}$, geschrieben $|\mathfrak{a}|$.

2. Rechenregeln für Vektoren

<u>Addition von Vektoren</u>: Seien zwei Vektoren $\mathfrak{a} = \overline{OA}$, $\mathfrak{b} = \overline{OB}$ gegeben. Es gibt genau einen Punkt C mit $\overline{AC} \in \mathfrak{b}$. Dann heißt der Vektor $\mathfrak{c}$ mit $\overline{OC} \in \mathfrak{c}$ die Summe von $\mathfrak{a}$ und $\mathfrak{b}$, geschrieben $\mathfrak{a} + \mathfrak{b} = \mathfrak{c}$.

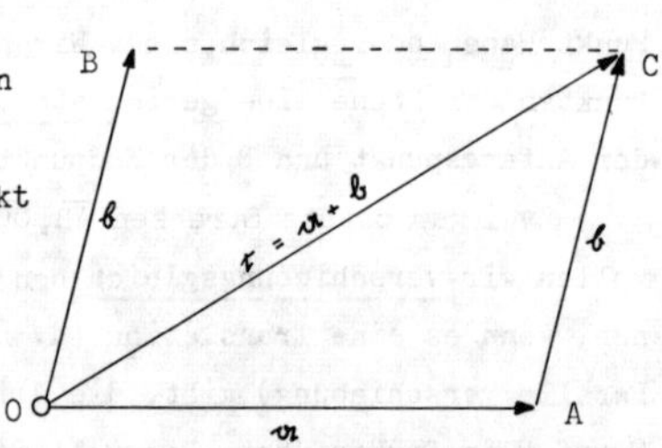

Für die Addition von Vektoren leitet man aus der Elementargeometrie leicht die folgenden Regeln her:

(V1) (Assoziatives Gesetz) Für alle Vektoren $\mathfrak{a}$, $\mathfrak{b}$, $\mathfrak{c}$ gilt

$$(\mathfrak{a} + \mathfrak{b}) + \mathfrak{c} = \mathfrak{a} + (\mathfrak{b} + \mathfrak{c}) \quad .$$

(V2) Für alle Vektoren $\mathfrak{a}$ gilt $\mathfrak{a} + \mathfrak{o} = \mathfrak{a}$.

(V3) Zu jedem Vektor $\mathfrak{a}$ gibt es einen Vektor $\mathfrak{a}'$ mit $\mathfrak{a} + \mathfrak{a}' = \mathfrak{o}$. $\mathfrak{a}'$ wird dann auch mit $-\mathfrak{a}$ bezeichnet.

(V4) (Kommutatives Gesetz) Es gilt $\mathfrak{a} + \mathfrak{b} = \mathfrak{b} + \mathfrak{a}$ für alle Vektoren $\mathfrak{a}$, $\mathfrak{b}$.

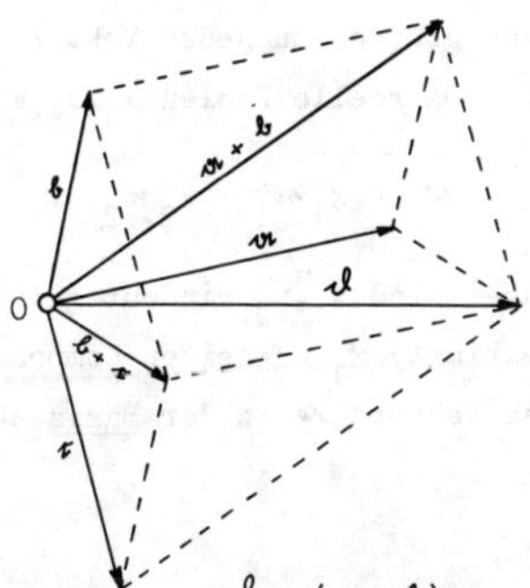

$$\mathfrak{d} = (\mathfrak{a} + \mathfrak{b}) + \mathfrak{c}$$
$$= \mathfrak{a} + (\mathfrak{b} + \mathfrak{c})$$

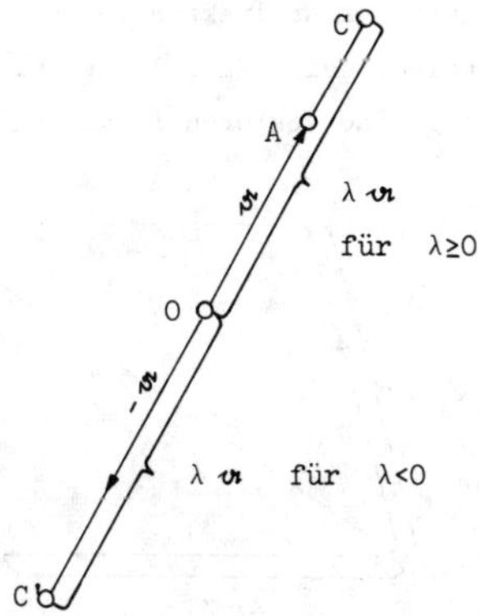

Multiplikation eines Vektors mit einer reellen Zahl

<u>Multiplikation eines Vektors mit einer reellen Zahl</u>: Sei λ eine reelle Zahl und $\mathfrak{a} = \overline{OA} \neq \mathfrak{o}$ ein Vektor. Ist $\lambda > 0$, so sei C der Punkt auf der Geraden (O,A) mit $d(OC) = \lambda \cdot |\mathfrak{a}|$, welcher auf derselben Seite von O liegt wie A . $\overline{OC} \overset{\text{df.}}{=} \lambda \cdot \mathfrak{a}$ nennen wir das Produkt des Vektors $\mathfrak{a}$ mit der (positiven) Zahl λ . Ist λ negativ, so sei $\lambda \mathfrak{a} \overset{\text{df.}}{=} |\lambda| \cdot (-\mathfrak{a})$. Man setzt weiter fest:

$$0 \cdot \mathfrak{a} = \mathfrak{o} \quad \text{für alle } \mathfrak{a} \text{ und } \mu \cdot \mathfrak{o} = \mathfrak{o} \quad \text{für alle reellen Zahlen } \mu .$$

Es gelten die folgenden Regeln, wie man aus der Elementargeometrie herleitet:

(V5) Es gilt $1 \cdot \mathfrak{a} = \mathfrak{a}$

(V6) Es gilt $\lambda \cdot (\mu \cdot \mathfrak{a}) = (\lambda\mu)\,\mathfrak{a}$

(V7) Es gilt $(\lambda + \mu)\,\mathfrak{a} = \lambda\,\mathfrak{a} + \mu\,\mathfrak{a}$

(V8) Es gilt $\lambda(\mathfrak{a} + \mathfrak{b}) = \lambda\,\mathfrak{a} + \lambda\,\mathfrak{b}$

für alle reellen Zahlen λ, μ und alle Vektoren $\mathfrak{a}$, $\mathfrak{b}$.

<u>Basisdarstellung der Vektoren der Ebene</u>: Wir wählen in der Ebene zwei vom Nullvektor verschiedene Vektoren $\mathfrak{e}_1$, $\mathfrak{e}_2$ derart, daß es keine reelle Zahl λ mit $\mathfrak{e}_2 = \lambda \cdot \mathfrak{e}_1$ gibt. Wir sagen dann auch: $\mathfrak{e}_1$, $\mathfrak{e}_2$ sind Vektoren in verschiedenen Richtungen.

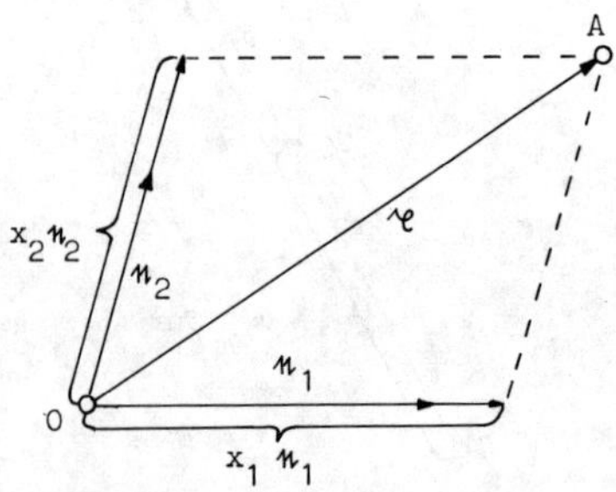

Dann gibt es zu jedem Vektor $\mathfrak{x} = \overline{OA}$ reelle Zahlen x_1, x_2 mit

$$\mathfrak{x} = x_1\mathfrak{e}_1 + x_2\mathfrak{e}_2 \quad .$$

Dabei sind x_1, x_2 eindeutig zu $\mathfrak{x}$ bestimmt. x_1, x_2 heißen <u>Komponenten</u> des Vektors $\mathfrak{x}$ in der <u>Basis</u> $\mathfrak{e}_1$, $\mathfrak{e}_2$.

3. Das Skalarprodukt von Vektoren

Seien $\mathfrak{a} = \overline{OA}$, $\mathfrak{b} = \overline{OB}$ zwei vom Nullvektor verschiedene Vektoren und φ der von den Strecken $\overline{OA}$ und $\overline{OB}$ eingeschlossene Winkel. Dann heißt die reelle Zahl $|\mathfrak{a}| \cdot |\mathfrak{b}| \cdot \cos\varphi$ das <u>skalare Produkt</u> der Vektoren $\mathfrak{a}$ und $\mathfrak{b}$, geschrieben $\mathfrak{a}\mathfrak{b}$. Ist $\mathfrak{a} = \mathfrak{o}$ oder $\mathfrak{b} = \mathfrak{o}$, so setzt man $\mathfrak{a}\mathfrak{b} = 0$.

Es gilt nach elementargeometrischen Überlegungen:

(S1) $\mathfrak{a}\mathfrak{b} = \mathfrak{b}\mathfrak{a}$

(S2) $\mathfrak{a}(\mathfrak{b} + \mathfrak{b}') = \mathfrak{a}\mathfrak{b} + \mathfrak{a}\mathfrak{b}'$

für alle Vektoren $\mathfrak{a}$, $\mathfrak{b}$, $\mathfrak{b}'$.

(S3) $\mathfrak{a}(\lambda \mathfrak{b}) = (\lambda \mathfrak{a})\mathfrak{b} = \lambda(\mathfrak{a}\mathfrak{b})$

(S4) $\mathfrak{a}\mathfrak{a} = \mathfrak{a}^2 > 0$ für $\mathfrak{a} \neq \mathfrak{o}$

} für alle reellen Zahlen λ und alle Vektoren $\mathfrak{a}$, $\mathfrak{b}$.

(S5) Seien $\mathfrak{a} = \overline{OA}$ und $\mathfrak{b} = \overline{OB}$ beide ungleich $\mathfrak{o}$. Dann gilt:
$\mathfrak{a}\mathfrak{b} = 0$ genau dann, wenn (O,A) senkrecht zu (O,B) ist.

Man nennt wegen (S5) allgemein $\mathfrak{a}$, $\mathfrak{b}$ senkrechte Vektoren, geschrieben $\mathfrak{a} \perp \mathfrak{b}$, wenn $\mathfrak{a}\mathfrak{b} = 0$ ist. Nach dieser Definition ist der Nullvektor zu allen Vektoren senkrecht.

Definition: Ein Paar von Vektoren $\mathfrak{a}$, $\mathfrak{b}$ heißt eine <u>Orthonormalbasis</u> in der Ebene, wenn $|\mathfrak{a}| = |\mathfrak{b}| = 1$ und $\mathfrak{a} \perp \mathfrak{b}$ gilt.

<u>Berechnung des Skalarprodukts in einer Orthonormalbasis</u>: Ist $\mathfrak{n}_1$, $\mathfrak{n}_2$ eine Orthonormalbasis in der Ebene und ist $\mathfrak{a} = a_1\mathfrak{n}_1 + a_2\mathfrak{n}_2$, $\mathfrak{b} = b_1\mathfrak{n}_1 + b_2\mathfrak{n}_2$, so gilt

$$\boxed{\mathfrak{a}\mathfrak{b} = a_1 b_1 + a_2 b_2 .}$$

Beweis: Wegen $\mathfrak{n}_1\mathfrak{n}_1 = |\mathfrak{n}_1|^2 = 1 = |\mathfrak{n}_2|^2 = \mathfrak{n}_2\mathfrak{n}_2$ und $\mathfrak{n}_1\mathfrak{n}_2 = 0$ ist nach (S1), (S2) und (S3)

$$\mathfrak{a}\mathfrak{b} = (a_1\mathfrak{n}_1 + a_2\mathfrak{n}_2)(b_1\mathfrak{n}_1 + b_2\mathfrak{n}_2) = a_1 b_1 + a_2 b_2 .$$

Spezielll ergibt sich für $\mathfrak{a} = \mathfrak{b}$: $\mathfrak{a}\mathfrak{a} = a_1^2 + a_2^2$,

$$|\mathfrak{a}| = \sqrt{a_1^2 + a_2^2} .$$

4. Geradengleichungen

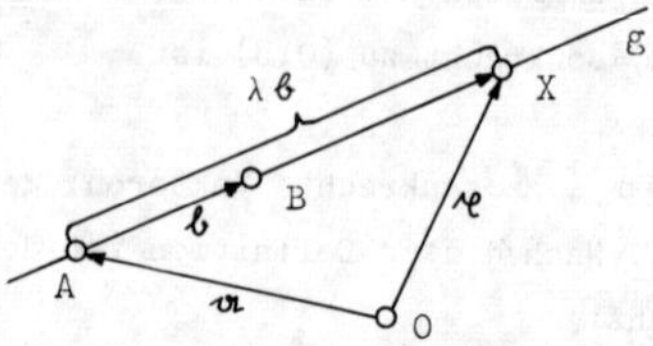

Seien g eine Gerade und A,B zwei verschiedene Punkte auf g . Ist X ein beliebiger Punkt auf g und $\overline{OX} = \mathfrak{x}$, $\overline{OA} = \mathfrak{a}$, $\overline{AB} = \mathfrak{b}$, so gibt es eine reelle Zahl λ mit $\mathfrak{x} = \mathfrak{a} + \lambda\mathfrak{b}$.

Faßt man λ als unabhängige Veränderliche (d. h. als Parameter) auf, so gehört zu jedem Wert von λ genau ein Punkt auf der Geraden g. Man hat also mit

(1) $\boxed{\mathfrak{x} = \mathfrak{a} + \lambda\mathfrak{b}}$ λ durchläuft alle reellen Zahlen

eine Parameterdarstellung der Geraden gewonnen, genauer: Die Menge der Punkte der Geraden g ist

$$\{X \mid \overline{OX} = \mathfrak{x} = \mathfrak{a} + \lambda\mathfrak{b} \quad \text{mit } \lambda \in \mathbb{R}\}.$$

Es sollen jetzt noch andere Darstellungen der Geraden hergeleitet werden. Wir wählen eine Orthonormalbasis $\mathfrak{n}_1, \mathfrak{n}_2$. Dann gibt es reelle Zahlen x_i, a_i, b_i (i = 1,2) mit

$$\mathfrak{x} = x_1\mathfrak{n}_1 + x_2\mathfrak{n}_2 \ ; \quad \mathfrak{a} = a_1\mathfrak{n}_1 + a_2\mathfrak{n}_2 \ ; \quad \mathfrak{b} = b_1\mathfrak{n}_1 + b_2\mathfrak{n}_2 \ .$$

Es folgt mit der Parameterdarstellung

$$\sum_{i=1}^{2} x_i\mathfrak{n}_i = \sum_{i=1}^{2} a_i\mathfrak{n}_i + \lambda\Big(\sum_{i=1}^{2} b_i\mathfrak{n}_i\Big)$$

also

$$(x_1 - a_1 - \lambda b_1)\mathfrak{n}_1 + (x_2 - a_2 - \lambda b_2)\mathfrak{n}_2 = \mathfrak{o} \ .$$

Da auch $0\cdot\mathfrak{n}_1 + 0\cdot\mathfrak{n}_2 = \mathfrak{o}$ gilt und die Komponenten des Nullvektors in der Basis $\mathfrak{n}_1, \mathfrak{n}_2$ eindeutig bestimmt sind, folgen hieraus die beiden Gleichungen:

(2) $\boxed{\begin{array}{l} x_1 = a_1 + \lambda b_1 \\ x_2 = a_2 + \lambda b_2 \end{array}}$ $\Big\}$ b_1, b_2 nicht beide Null; λ durchläuft die reellen Zahlen.

Wir haben damit die Parameterdarstellung in Komponenten gewonnen. Sie wird häufig auch kurz so geschrieben:

$$\begin{vmatrix} x_1 \\ x_2 \end{vmatrix} = \begin{vmatrix} a_1 \\ a_2 \end{vmatrix} + \lambda \cdot \begin{vmatrix} b_1 \\ b_2 \end{vmatrix} \quad .$$

Multipliziert man die obere Gleichung von (2) mit b_2, die untere mit b_1, so ergibt sich nach Subtraktion der Gleichungen

$$b_2x_1 - b_1x_2 = b_2a_1 + b_1b_2 - b_1a_2 - b_1b_2 = b_2a_1 - b_1a_2 \quad .$$

Setzen wir $b_2 = a$, $-b_1 = b$, $b_1a_2 - b_2a_1 = c$, $x_1 = x$ und $x_2 = y$, so erhalten wir die gewohnte Form

(3) $\qquad ax + by + c = 0 \qquad$ a,b nicht beide Null.

Anschließend wollen wir die <u>HESSEsche Normalform</u> der Geradengleichung kennenlernen. Ist $\mathfrak{n}$ ein Einheitsvektor (d. h. ein Vektor mit $|\mathfrak{n}| = 1$) in Richtung des Lotes von O auf g, so gilt für jeden Punkt X auf g

(4) $\boxed{\mathfrak{n}\mathfrak{r} = d}$,

wenn $\mathfrak{r} = \overline{OX}$ und d die Länge der Strecke $\overline{OL}$, d. h. der Abstand des Nullpunktes von der Geraden g ist.

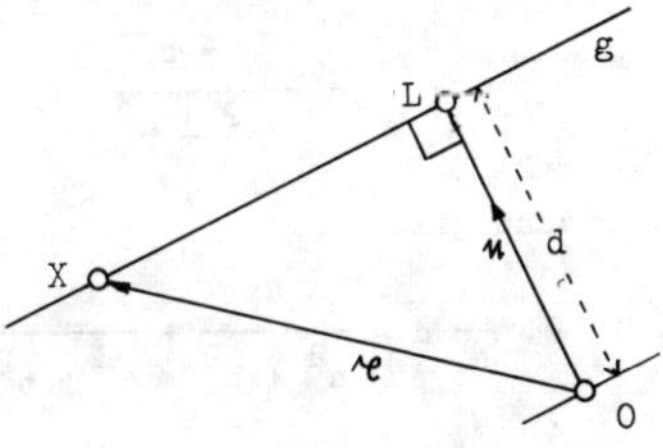

<u>Bemerkungen zu den Geradengleichungen</u>. Sei g eine Gerade und P ein Punkt. Der Abstand $\overline{d}$ des Punktes P von der Geraden g bestimmt sich, wenn $\mathfrak{n}\mathfrak{x} = d$ die HESSEsche Normalform der Geradengleichung für g und $\mathfrak{p} = \overline{OP}$ der Ortsvektor des Punktes P ist, zu

$$\overline{d} = \mathfrak{p}\mathfrak{n} - d \quad .$$

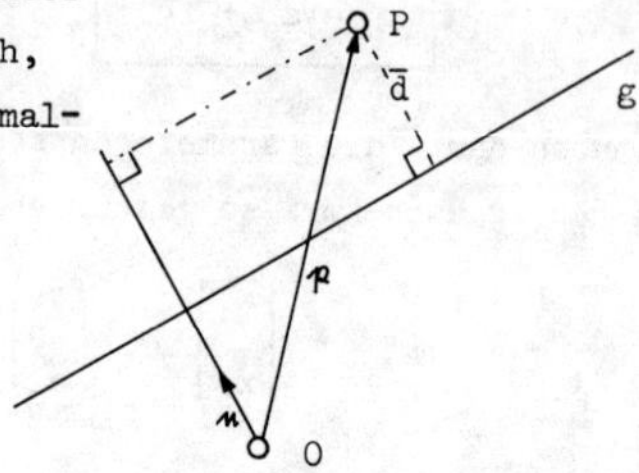

Aus der HESSEschen Normalform $\mathfrak{n}\mathfrak{x} = d$ für die Gleichung einer Geraden g erhält man sofort die "normale" Darstellung in einer Orthonormalbasis $\mathfrak{n}_1, \mathfrak{n}_2$, wenn man setzt

$$\mathfrak{x} = x\mathfrak{n}_1 + y\mathfrak{n}_2 \quad ; \quad \mathfrak{n} = a\mathfrak{n}_1 + b\mathfrak{n}_2 \quad ; \quad c = -d \quad :$$

$$ax + by + c = \mathfrak{n}\mathfrak{x} - d = 0 \quad .$$

Es gilt dabei $a^2 + b^2 = 1$.

Umgekehrt erhalten wir aus der gewohnten Form der Geradengleichung $ax + by + c = 0$ die Normalform nach HESSE, wenn wir setzen:

$$\mathfrak{n} = \frac{a}{a^2 + b^2}\mathfrak{n}_1 + \frac{b}{a^2 + b^2}\mathfrak{n}_2 \quad ;$$

$$d = \frac{-c}{a^2 + b^2} \quad , \quad \mathfrak{x} = x\mathfrak{n}_1 + y\mathfrak{n}_2 \quad ,$$

denn dann gilt

$$\mathfrak{n}\mathfrak{x} - d = \frac{ax}{a^2 + b^2} + \frac{by}{a^2 + b^2} + \frac{c}{a^2 + b^2}$$

$$= \frac{1}{a^2 + b^2}(ax + by + c) = 0 \quad .$$

Am Beispiel des "Höhensatzes" soll gezeigt werden, wie man geometrische Sätze mit Hilfe der Vektorrechnung beweisen kann:

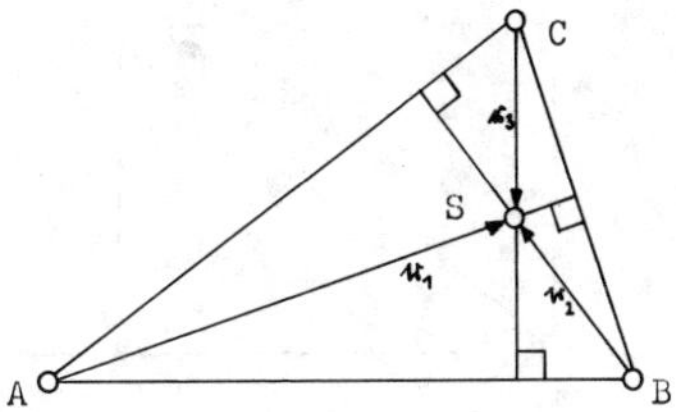

Satz: Die drei Höhen eines nicht ausgearteten Dreiecks gehen durch einen gemeinsamen Punkt.

Beweis: S sei der Schnittpunkt der Höhen durch A und B. Wir setzen

$\overline{AS} = \mathfrak{s}_1$, $\overline{BS} = \mathfrak{s}_2$ und $\overline{CS} = \mathfrak{s}_3$.

Dann ist nach Voraussetzung $\mathfrak{s}_1 (\mathfrak{s}_3 - \mathfrak{s}_2) = 0$ und

$\mathfrak{s}_2 (\mathfrak{s}_3 - \mathfrak{s}_1) = 0$.

Daraus folgt

$$\begin{aligned} \mathfrak{s}_3 (\mathfrak{s}_1 - \mathfrak{s}_2) &= \mathfrak{s}_3 \mathfrak{s}_1 + (-\mathfrak{s}_1 \mathfrak{s}_2 + \mathfrak{s}_2 \mathfrak{s}_1) - \mathfrak{s}_3 \mathfrak{s}_2 \\ &= \mathfrak{s}_1 (\mathfrak{s}_3 - \mathfrak{s}_2) - \mathfrak{s}_2 (\mathfrak{s}_3 - \mathfrak{s}_1) = 0 \quad , \end{aligned}$$

also ist $\overline{CS}$ senkrecht zu $\overline{AB}$.

5. Vektoren im Raum

Ein Vektor im dreidimensionalen reellen Raum ist wie in der Ebene als Punktepaar (genauer als Klasse von Punktepaaren) definiert. Die Addition von Vektoren, die Multiplikation eines Vektors mit einer reellen Zahl und das Skalarprodukt von Vektoren sind wie in der Ebene erklärt.

Definition: Ein Tripel $\mathfrak{a}$, $\mathfrak{b}$, $\mathfrak{c}$ von Vektoren im Raum heißt eine <u>Orthonormalbasis des Raumes</u>, wenn $|\mathfrak{a}| = |\mathfrak{b}| = |\mathfrak{c}| = 1$ gilt und $\mathfrak{a}$, $\mathfrak{b}$, $\mathfrak{c}$ paarweise zueinander senkrecht sind.

Komponentendarstellung eines Vektors $\mathfrak{r}$: Ist im Raum eine Orthonormalbasis $\mathfrak{n}_1, \mathfrak{n}_2, \mathfrak{n}_3$ ausgezeichnet, so läßt sich ein beliebiger Vektor auf genau eine Weise als Summe von Vielfachen der Basisvektoren darstellen:

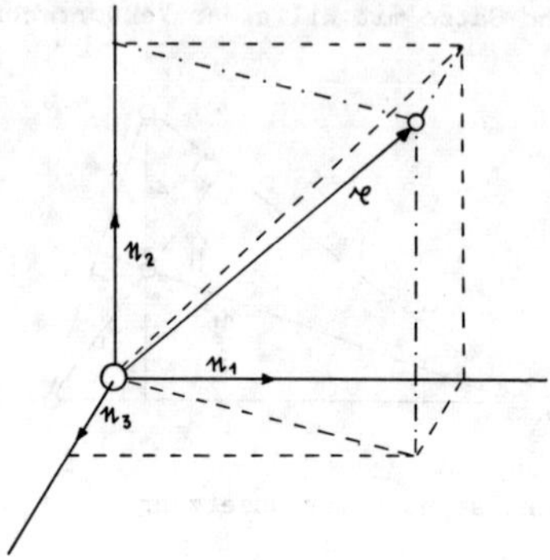

$$\mathfrak{r} = x_1 \mathfrak{n}_1 + x_2 \mathfrak{n}_2 + x_3 \mathfrak{n}_3 .$$

Die reellen Zahlen x_1, x_2, x_3 heißen wieder die Komponenten von $\mathfrak{r}$ in der vorgegebenen Orthonormalbasis. Gelegentlich werden auch andere Bezeichnungen verwandt. So kann man die Vektoren der Orthonormalbasis mit $\mathfrak{i}, \mathfrak{j}, \mathfrak{k}$ bezeichnen und schreiben

$$\mathfrak{r} = x\mathfrak{i} + y\mathfrak{j} + z\mathfrak{k}$$

oder für einen Vektor $\mathfrak{v}$

$$\mathfrak{v} = v_x \mathfrak{n}_x + v_y \mathfrak{n}_y + v_z \mathfrak{n}_z ,$$

wobei jetzt $\mathfrak{n}_x, \mathfrak{n}_y, \mathfrak{n}_z$ die Basisvektoren sind. Statt dieser Form schreiben wir auch kurz: $\mathfrak{r} = (x,y,z)$ bzw. $\mathfrak{v} = (v_x, v_y, v_z)$.

Skalarprodukt zweier Vektoren: Für das Skalarprodukt zweier Vektoren $\mathfrak{a}, \mathfrak{b} \neq \mathfrak{o}$ mit den Komponenten a_1, a_2, a_3 bzw. b_1, b_2, b_3 in einer Orthonormalbasis erhalten wir:

$$\boxed{\mathfrak{a}\,\mathfrak{b} = a_1 b_1 + a_2 b_2 + a_3 b_3 .}$$

Speziell ist $\quad |\mathfrak{a}| = \sqrt{\mathfrak{a}\,\mathfrak{a}} = \sqrt{a_1^2 + a_2^2 + a_3^2}$.

Damit kann man den Winkel φ zwischen den Vektoren $\mathfrak{a}$ und $\mathfrak{b}$ berechnen:

$$\cos \varphi = \frac{\mathfrak{a}\,\mathfrak{b}}{|\mathfrak{a}|\,|\mathfrak{b}|} = \frac{a_1 b_1 + a_2 b_2 + a_3 b_3}{\sqrt{a_1^2 + a_2^2 + a_3^2}\,\sqrt{b_1^2 + b_2^2 + b_3^2}} .$$

<u>Geradengleichungen im Raum</u>: Genau wie in der Ebene erhält man

(5) $$\boxed{\mathfrak{x} = \mathfrak{a} + \lambda\,\mathfrak{b}}\ ,$$ λ durchläuft alle reellen Zahlen

wobei $\mathfrak{a} = \overline{OA}$ und $\mathfrak{b} = \overline{AB}$ ist und A,B zwei verschiedene Punkte der gegebenen Gerade sind . Man beachte: Aus der Parameterdarstellung (5) folgt keine Geradengleichung der Form $ax + by + cz = d$!

<u>Ebenengleichung im Raum</u>: A,B,C seien drei Punkte der Ebene, die nicht auf einer Geraden liegen und X ein beliebiger Punkt der Ebene. Sei $\mathfrak{a} = \overline{OA}$, $\mathfrak{b} = \overline{AB}$, $\mathfrak{c} = \overline{AC}$ und $\mathfrak{x} = \overline{OX}$. Dann gibt es reelle Zahlen λ, μ mit $\mathfrak{x} = \mathfrak{a} + \lambda\,\mathfrak{b} + \mu\,\mathfrak{c}$, und umgekehrt erhält man für jede Wahl der (unabhängigen) Parameter λ und μ einen Punkt der Ebene. Also hat man folgende Parameterdarstellung der Ebene:

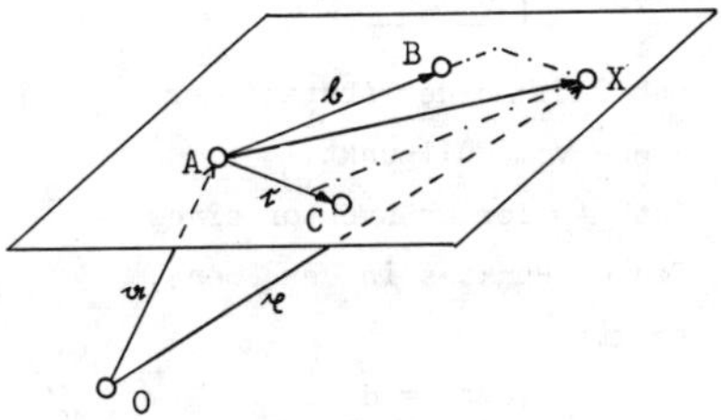

(6) $$\mathfrak{x} = \mathfrak{a} + \lambda\,\mathfrak{b} + \mu\,\mathfrak{c}$$ λ, μ durchlaufen alle reellen Zahlen.

Wie im Fall der euklidischen Ebene überlegt man sich für die Komponenten x_1, x_2, x_3 von $\mathfrak{x}$:

$$\boxed{\begin{aligned} x_1 &= a_1 + \lambda b_1 + \mu c_1 \\ x_2 &= a_2 + \lambda b_2 + \mu c_2 \\ x_3 &= a_3 + \lambda b_3 + \mu c_3 \end{aligned}}\quad .$$

Für diese Komponentendarstellung wird auch kürzer geschrieben:

$$\begin{pmatrix} x_1 \\ x_2 \\ x_3 \end{pmatrix} = \begin{pmatrix} a_1 \\ a_2 \\ a_3 \end{pmatrix} + \lambda \begin{pmatrix} b_1 \\ b_2 \\ b_3 \end{pmatrix} + \mu \begin{pmatrix} c_1 \\ c_2 \\ c_3 \end{pmatrix} \quad .$$

Aus diesen Gleichungen erhält man durch Eliminieren von λ und μ eine Gleichung der Form

(7) $$\boxed{ax + by + cx + d = 0} \quad ,$$

wobei a, b, c nicht alle Null sind.

<u>HESSEsche Normalform der Ebenengleichung</u>: Sei $\mathfrak{n}$ ein Vektor der Länge 1, der auf der gegebenen Ebene senkrecht steht. Dann gilt für jeden Punkt X der Ebene mit dem Ortsvektor $\mathfrak{r} = \overline{OX}$

(8) $$\boxed{\mathfrak{n}\mathfrak{r} = d} \quad .$$

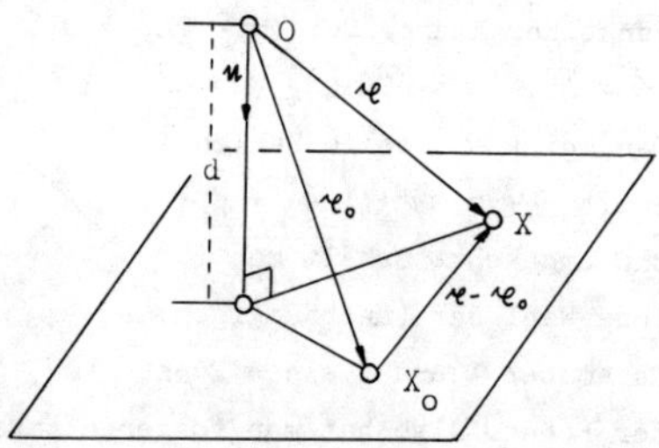

Dabei ist d der Abstand der Ebene vom Nullpunkt.
Ist $\mathfrak{r}_o$ der Ortsvektor eines festen Punktes in der Ebene, so gilt

$$\mathfrak{n}\mathfrak{r}_o = d \quad ,$$

also

$$\mathfrak{n}\,(\mathfrak{r} - \mathfrak{r}_o) = 0 \quad .$$

Ist $\mathfrak{n}\mathfrak{r} - d = 0$ die HESSEsche Normalform der Ebene ε und P ein Punkt mit dem Ortsvektor $\mathfrak{p} = \overline{OP}$, so ist der Abstand $\bar{d}$ des Punktes P von der Ebene ε :

$$\bar{d} = \mathfrak{n}\mathfrak{p} - d \quad .$$

Achsenabschnittsform der Ebenengleichung: Für $d \neq 0$ folgt aus (8) die Gleichung $\frac{1}{d}\mathfrak{n}\mathfrak{r} = 1$. Falls weiter alle Komponenten von $\mathfrak{n}$ von Null verschieden sind, kann man schreiben $\frac{1}{d}\mathfrak{n} = (\frac{1}{a}, \frac{1}{b}, \frac{1}{c})$, $\mathfrak{r} = (x,y,z)$ und erhält

(9) $$\boxed{\frac{x}{a} + \frac{y}{b} + \frac{z}{c} = 1}$$

Setzt man jetzt $y = z = 0$, so ist $x = a$ der "Abschnitt auf der x-Achse", entsprechend für y,z. Eine zu (9) äquivalente Gleichung erhält man natürlich auch nach Division durch d aus der Gleichung (7).

6. Das vektorielle Produkt

Seien $\mathfrak{a}$, $\mathfrak{b}$ zwei vom Nullvektor verschiedene Vektoren in verschiedenen Richtungen. Ein Vektor $\mathfrak{c}$ heißt das Vektorprodukt von $\mathfrak{a}$ und $\mathfrak{b}$, bezeichnet mit $\mathfrak{a} \times \mathfrak{b}$, wenn gilt:

(a) $\mathfrak{c}$ ist senkrecht zu $\mathfrak{a}$ und $\mathfrak{b}$.

(b) $|\mathfrak{c}|$ ist gleich dem Flächeninhalt des von $\mathfrak{a}$ und $\mathfrak{b}$ aufgespannten Parallelogramms.

(c) Die Vektoren $\mathfrak{a}$, $\mathfrak{b}$, $\mathfrak{c}$ bilden ein Rechtssystem.

Dabei bilden $\mathfrak{a}$, $\mathfrak{b}$, $\mathfrak{c}$ ein Rechtssystem, wenn in Richtung von $\mathfrak{c}$ gesehen die kürzeste Drehung von $\mathfrak{a}$ (dem ersten Faktor) nach $\mathfrak{b}$ (dem zweiten Faktor) eine Uhrzeigerdrehung ist.

Gibt es eine reelle Zahl λ, so daß $\mathfrak{a} = \lambda\,\mathfrak{b}$ oder $\mathfrak{b} = \lambda\,\mathfrak{a}$ gilt, so setzen wir $\mathfrak{a} \times \mathfrak{b} = \mathfrak{o}$. Damit ist für je zwei beliebige Vektoren $\mathfrak{a}$, $\mathfrak{b}$ das Vektorprodukt $\mathfrak{a} \times \mathfrak{b}$ erklärt.

Nach Definition gilt dann für je zwei Vektoren $\mathfrak{a}$, $\mathfrak{b}$, wenn φ der von ihnen eingeschlossene Winkel ist:

$$\mathfrak{a} \times \mathfrak{b} \perp \mathfrak{a}, \mathfrak{b} \quad ; \quad |\mathfrak{a} \times \mathfrak{b}| = |\mathfrak{a}|\,|\mathfrak{b}| \sin\varphi \quad .$$

Wir geben nun einige formale Eigenschaften des vektoriellen Produktes an:[1)]

$$\left.\begin{array}{ll} \text{(A)} & (\mathfrak{a} + \mathfrak{b}) \times \mathfrak{c} = \mathfrak{a} \times \mathfrak{c} + \mathfrak{b} \times \mathfrak{c} \\ \text{(B)} & (\lambda\,\mathfrak{a}) \times \mathfrak{b} = \mathfrak{a} \times (\lambda\,\mathfrak{b}) = \lambda(\mathfrak{a} \times \mathfrak{b}) \\ \text{(C)} & \mathfrak{a} \times \mathfrak{b} = -\mathfrak{b} \times \mathfrak{a} \end{array}\right\} \begin{array}{l} \forall\ \lambda \in \mathbb{R} \text{ und} \\ \forall \text{ Vektoren} \\ \mathfrak{a}, \mathfrak{b}, \mathfrak{c} \quad . \end{array}$$

Insbesondere ist also $\mathfrak{a} \times \mathfrak{a} = \mathfrak{o}$ für alle Vektoren $\mathfrak{a}$.

(D) Zwei Vektoren $\mathfrak{a}, \mathfrak{b} \neq \mathfrak{o}$ sind genau dann parallel, wenn

---

1) Das Zeichen $\forall$ bedeutet: für alle

$\mathfrak{a} \times \mathfrak{b} = \mathfrak{o}$ ist.

Der Beweis von (B) und (C) ergibt sich unmittelbar aus der Definition des Vektorproduktes.

Beweis von (D): Seien $\mathfrak{a}, \mathfrak{b} \neq \mathfrak{o}$ und φ der Winkel zwischen $\mathfrak{a}$ und $\mathfrak{b}$, dann gilt folgende Schlußkette: $\mathfrak{a}$ ist parallel zu $\mathfrak{b}$ $\curvearrowleft$ $\varphi = 0^\circ$ oder $\varphi = 180^\circ$ $\curvearrowleft$ $\sin\varphi = 0$ $\curvearrowleft$ $|\mathfrak{a}||\mathfrak{b}|\sin\varphi = 0$ $\curvearrowleft$ $|\mathfrak{a} \times \mathfrak{b}| = 0$ $\curvearrowleft$ $\mathfrak{a} \times \mathfrak{b} = \mathfrak{o}$.

Beweis von (A): Für $\mathfrak{c} = \mathfrak{o}$ gilt offenbar (A). Sei also $\mathfrak{c} \neq \mathfrak{o}$.

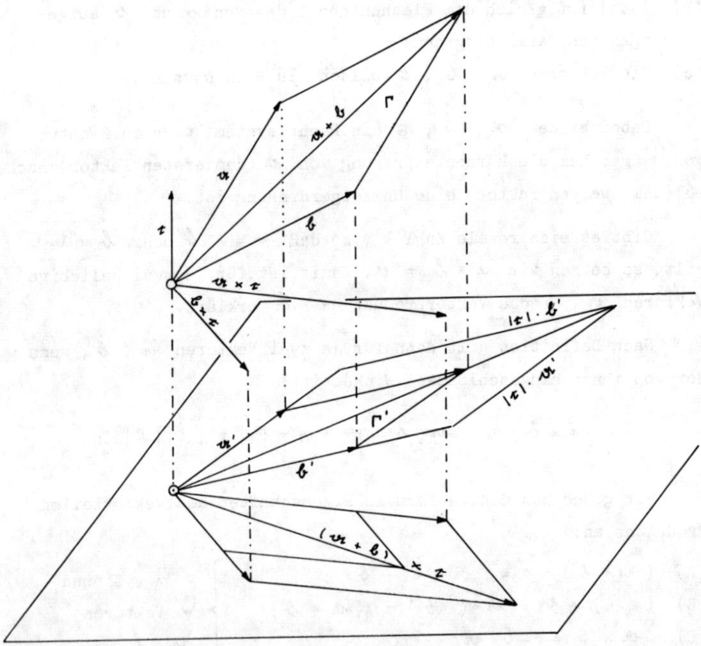

Man projiziere das Parallelogramm Γ, das von $\mathfrak{a}$ und $\mathfrak{b}$ aufgespannt wird, in eine zu $\mathfrak{c}$ senkrechte Ebene. Seien $\mathfrak{a}'$, $\mathfrak{b}'$, $(\mathfrak{a}+\mathfrak{b})'$ die Projektionen von $\mathfrak{a}$, $\mathfrak{b}$, $\mathfrak{a}+\mathfrak{b}$. Man braucht das projizierte Parallelogramm Γ' nur um 90° mit $\mathfrak{c}$ als Achse zu drehen, dann zeigen $\mathfrak{a}', \mathfrak{b}', (\mathfrak{a}+\mathfrak{b})'$ in die Richtung von $\mathfrak{a}\times\mathfrak{c}$, $\mathfrak{b}\times\mathfrak{c}$, $(\mathfrak{a}+\mathfrak{b})\times\mathfrak{c}$. Multipliziert man die Seiten von Γ' mit $|\mathfrak{c}|$, so stimmen wegen $|\mathfrak{a}'| = |\mathfrak{a}|\sin\sphericalangle(\mathfrak{a},\mathfrak{c})$, $|\mathfrak{b}'| = |\mathfrak{b}|\sin\sphericalangle(\mathfrak{b},\mathfrak{c})$ und $|(\mathfrak{a}+\mathfrak{b})'| = |\mathfrak{a}+\mathfrak{b}|\sin\sphericalangle(\mathfrak{a}+\mathfrak{b},\mathfrak{c})$ auch die Beträge von $\mathfrak{a}\times\mathfrak{c}$, $\mathfrak{b}\times\mathfrak{c}$ und $(\mathfrak{a}+\mathfrak{b})\times\mathfrak{c}$ jeweils mit den Beträgen von $|\mathfrak{c}|\mathfrak{a}'$, $|\mathfrak{c}|\mathfrak{b}'$ und $|\mathfrak{c}|(\mathfrak{a}+\mathfrak{b})'$ überein. Da bei Projektion und anschließender Drehung und Streckung das Parallelogramm Γ wieder in ein Parallelogramm übergeführt wird, folgt hieraus, daß $(\mathfrak{a}+\mathfrak{b})\times\mathfrak{c}$ eine Diagonale des Parallelogramms mit den Seiten $\mathfrak{a}\times\mathfrak{c}$ und $\mathfrak{b}\times\mathfrak{c}$ ist und damit die Behauptung.

Wir geben nun zwei weitere Regeln für das Rechnen mit Vektorprodukten an, von denen wir die erste gleich und die zweite im nächsten Abschnitt beweisen werden.

(E) (GRASSMANNscher Entwicklungssatz) Es gilt

$$(\mathfrak{a}\times\mathfrak{b})\times\mathfrak{c} = (\mathfrak{a}\mathfrak{c})\mathfrak{b} - (\mathfrak{b}\mathfrak{c})\mathfrak{a} \quad \forall \text{ Vektoren } \mathfrak{a},\mathfrak{b},\mathfrak{c}.$$

(F) (LAGRANGEsche Identität) Es gilt

$$(\mathfrak{a}\times\mathfrak{b})(\mathfrak{c}\times\mathfrak{d}) = (\mathfrak{a}\mathfrak{c})(\mathfrak{b}\mathfrak{d}) - (\mathfrak{a}\mathfrak{d})(\mathfrak{b}\mathfrak{c}) \quad \forall \text{ Vektoren } \mathfrak{a},\mathfrak{b},\mathfrak{c},\mathfrak{d}.$$

Beweis von (E): Ist $\mathfrak{a}\times\mathfrak{b} = \mathfrak{o}$, so gibt es o. B. d. A. ein λ mit $\mathfrak{a} = \lambda\mathfrak{b}$ und es gilt: $(\mathfrak{a}\times\mathfrak{b})\times\mathfrak{c} = \mathfrak{o} = \lambda(\mathfrak{b}\mathfrak{c})\mathfrak{b} - \lambda(\mathfrak{b}\mathfrak{c})\mathfrak{b}$ $= ((\lambda\mathfrak{b})\mathfrak{c})\mathfrak{b} - (\mathfrak{b}\mathfrak{c})(\lambda\mathfrak{b}) = (\mathfrak{a}\mathfrak{c})\mathfrak{b} - (\mathfrak{b}\mathfrak{c})\mathfrak{a}$, wie behauptet.

Sei nun $\mathfrak{a}\times\mathfrak{b} \neq \mathfrak{o}$. Wir überlegen dann zunächst den Spezialfall, daß $\mathfrak{a} = \mathfrak{c}$ ist. Die Behauptung lautet dann

(i) $$(\mathfrak{a}\times\mathfrak{b})\times\mathfrak{a} = (\mathfrak{a}\mathfrak{a})\mathfrak{b} - (\mathfrak{b}\mathfrak{a})\mathfrak{a} \quad .$$

Offenbar liegt der Vektor $(\mathfrak{a}\times\mathfrak{b})\times\mathfrak{a}$ in der von $\mathfrak{a},\mathfrak{b}$ aufgespannten Ebene. Also gibt es α,β mit $(\mathfrak{a}\times\mathfrak{b})\times\mathfrak{a} = \alpha\mathfrak{a}+\beta\mathfrak{b}$. Wegen $\mathfrak{a}\perp(\mathfrak{a}\times\mathfrak{b})\times\mathfrak{a}$ ist $\mathfrak{a}(\alpha\mathfrak{a}+\beta\mathfrak{b}) = 0$, also $\alpha(\mathfrak{a}\mathfrak{a})+\beta(\mathfrak{a}\mathfrak{b}) = 0$. Setzen wir $\lambda = \frac{\beta}{\mathfrak{a}^2}$, so ist $\alpha = -\lambda(\mathfrak{a}\mathfrak{b})$ und $\beta = \mathfrak{a}^2$. Weiter ist $\lambda > 0$, da $(\mathfrak{a}\times\mathfrak{b})\times\mathfrak{a}$ in die positive Richtung von $\mathfrak{b}$ weist, also $\beta > 0$ ist. Mithin gilt

$$(\mathfrak{a}\times\mathfrak{b})\times\mathfrak{a} = \lambda((\mathfrak{a}\mathfrak{a})\mathfrak{b} - (\mathfrak{a}\mathfrak{b})\mathfrak{a}) \quad \text{und } \lambda > 0 .$$

Wir müssen zeigen, daß $\lambda = 1$ ist. Dazu rechnen wir aus, wenn φ der Winkel zwischen $\mathfrak{a}$ und $\mathfrak{b}$ ist: $\mathfrak{a}^2\mathfrak{a}^2\mathfrak{b}^2\sin^2\varphi =$
$|\mathfrak{a}|^2|\mathfrak{b}|^2|\mathfrak{a}|^2\sin^2\varphi = |\mathfrak{a}\times\mathfrak{b}|^2|\mathfrak{a}|^2 = |(\mathfrak{a}\times\mathfrak{b})\times\mathfrak{a}|^2 =$
$((\mathfrak{a}\times\mathfrak{b})\times\mathfrak{a})^2 = \lambda^2((\mathfrak{a}\mathfrak{a})\mathfrak{b} - (\mathfrak{a}\mathfrak{b})\mathfrak{a})^2 =$
$\lambda^2((\mathfrak{a}^2)^2\mathfrak{b}^2 - 2(\mathfrak{a}\mathfrak{b})^2\mathfrak{a}^2 + (\mathfrak{a}\mathfrak{b})^2\mathfrak{a}^2) =$
$\lambda^2(\mathfrak{a}^2\mathfrak{a}^2\mathfrak{b}^2(1-\cos^2\varphi)) = \lambda^2\mathfrak{a}^2\mathfrak{a}^2\mathfrak{b}^2\sin^2\varphi$. Mithin ist $\lambda^2 = 1$, also wegen $\lambda > 0$ dann $\lambda = 1$. Damit gilt (i). Aus (i) folgt sofort:

$$\text{(ii)} \qquad (\mathfrak{a}\times\mathfrak{b})\times\mathfrak{b} = (\mathfrak{a}\mathfrak{b})\mathfrak{b} - (\mathfrak{b}\mathfrak{b})\mathfrak{a} .$$

Mit Hilfe der beiden Spezialfälle (i) und (ii) beweisen wir (E) allgemein: Da $\mathfrak{a}$ und $\mathfrak{b}$ und $\mathfrak{a}\times\mathfrak{b}$ den ganzen Raum aufspannen, gibt es reelle Zahlen a,b,c mit $\mathfrak{c} = a\mathfrak{a}+b\mathfrak{b}+c(\mathfrak{a}\times\mathfrak{b})$. Mithin gilt nach (i) und (ii): $(\mathfrak{a}\times\mathfrak{b})\times\mathfrak{c} = (\mathfrak{a}\times\mathfrak{b})\times(a\mathfrak{a}+b\mathfrak{b}+c(\mathfrak{a}\times\mathfrak{b}))$
$a(\mathfrak{a}\times\mathfrak{b})\times\mathfrak{a} + b(\mathfrak{a}\times\mathfrak{b})\times\mathfrak{b} = a((\mathfrak{a}\mathfrak{a})\mathfrak{b} - (\mathfrak{a}\mathfrak{b})\mathfrak{a}) +$
$b((\mathfrak{a}\mathfrak{b})\mathfrak{b} - (\mathfrak{b}\mathfrak{b})\mathfrak{a}) = (a(\mathfrak{a}\mathfrak{a}) + b(\mathfrak{a}\mathfrak{b}))\mathfrak{b} -$
$(a(\mathfrak{a}\mathfrak{b}) + b(\mathfrak{b}\mathfrak{b}))\mathfrak{a} = (\mathfrak{a}(a\mathfrak{a}+b\mathfrak{b}+c(\mathfrak{a}\times\mathfrak{b})))\mathfrak{b} -$
$(\mathfrak{b}(a\mathfrak{a}+b\mathfrak{b}+c(\mathfrak{a}\times\mathfrak{b})))\mathfrak{a} = (\mathfrak{a}\mathfrak{c})\mathfrak{b} - (\mathfrak{b}\mathfrak{c})\mathfrak{a}$, wie behauptet. Bei der vorletzten Gleichheit haben wir verwendet, daß $\mathfrak{a}(c(\mathfrak{a}\times\mathfrak{b})) = \mathfrak{b}(c(\mathfrak{a}\times\mathfrak{b})) = 0$ ist. Mithin ist (E) bewiesen.

Das Spatprodukt:

Sind $\mathfrak{a}$, $\mathfrak{b}$, $\mathfrak{c}$ drei Vektoren im Raum, so heißt das Produkt

$$\mathfrak{a}\mathfrak{b}\mathfrak{c} = \mathfrak{a}(\mathfrak{b} \times \mathfrak{c})$$

das Spatprodukt von $\mathfrak{a}$, $\mathfrak{b}$, $\mathfrak{c}$.

Wir geben Regeln und geometrische Interpretationen für das Spatprodukt an:

(G) Das Spatprodukt $\mathfrak{a}\mathfrak{b}\mathfrak{c}$ ist bis auf das Vorzeichen das Volumen des von $\mathfrak{a}$, $\mathfrak{b}$, $\mathfrak{c}$ aufgespannten Parallelflachs.

(H) Die Vektoren $\mathfrak{a}$, $\mathfrak{b}$, $\mathfrak{c}$ liegen genau dann in einer Ebene, wenn $\mathfrak{a}\mathfrak{b}\mathfrak{c} = 0$ ist.

(I) Es gilt $\mathfrak{a}\mathfrak{b}\mathfrak{c} = \mathfrak{b}\mathfrak{c}\mathfrak{a} = \mathfrak{c}\mathfrak{a}\mathfrak{b} = -\mathfrak{b}\mathfrak{a}\mathfrak{c} = -\mathfrak{a}\mathfrak{c}\mathfrak{b} = -\mathfrak{c}\mathfrak{b}\mathfrak{a}$.

Beweis von (G): In dem von $\mathfrak{a}$, $\mathfrak{b}$, $\mathfrak{c}$ aufgespannten Parallelflach kann man das von $\mathfrak{b}$, $\mathfrak{c}$ aufgespannte Parallelogramm als Grundfläche auffassen. Der Inhalt der Grundfläche ist dann $|\mathfrak{b} \times \mathfrak{c}|$. Der Vektor $\mathfrak{b} \times \mathfrak{c}$ steht senkrecht auf dieser Grundfläche, also wird die Höhe des Parallelflachs durch $|\mathfrak{a}|\cos\varphi$ gegeben, wenn φ der Winkel zwischen $\mathfrak{a}$ und $\mathfrak{b} \times \mathfrak{c}$ ist. Mithin ist $|\mathfrak{a}||\mathfrak{b} \times \mathfrak{c}|\cos\varphi = \mathfrak{a}\mathfrak{b}\mathfrak{c}$ bis auf das Vorzeichen das Volumen des Parallelflachs, und es gilt (G).

(H) folgt unmittelbar aus (G). Aus (G) und der Definition des Spatproduktes ergibt sich sofort auch (I).

Wir beweisen nun mit Hilfe von (I) und (E) die LANGRANGEsche Identität: Wir setzen $\mathfrak{a} \times \mathfrak{b} = \mathfrak{e}$ und erhalten: $(\mathfrak{a} \times \mathfrak{b})(\mathfrak{c} \times \mathfrak{d}) = \mathfrak{e}(\mathfrak{c} \times \mathfrak{d}) = \mathfrak{e}\mathfrak{c}\mathfrak{d} = \mathfrak{c}\mathfrak{d}\mathfrak{e} = \mathfrak{c}(\mathfrak{d} \times \mathfrak{e}) = \mathfrak{c}(\mathfrak{d} \times (\mathfrak{a} \times \mathfrak{b})) = \mathfrak{c}((\mathfrak{d}\mathfrak{b})\mathfrak{a} - (\mathfrak{d}\mathfrak{a})\mathfrak{b}) = (\mathfrak{a}\mathfrak{c})(\mathfrak{b}\mathfrak{d}) - (\mathfrak{a}\mathfrak{d})(\mathfrak{b}\mathfrak{c})$.
Mithin gilt (F).

Komponenten des Vektorproduktes in einer Orthonormalbasis:

Seien $\mathfrak{n}_1, \mathfrak{n}_2, \mathfrak{n}_3$ eine Orthonormalbasis, welche ein Rechtssystem bildet. Dann gilt für die Vektoren $\mathfrak{a}$, $\mathfrak{b}$ mit den Komponentendarstellungen $\mathfrak{a} = \sum a_i \mathfrak{n}_i$ bzw. $\mathfrak{b} = \sum b_i \mathfrak{n}_i$ wegen

$$\mathfrak{n}_1 \times \mathfrak{n}_2 = \mathfrak{n}_3 ; \quad \mathfrak{n}_2 \times \mathfrak{n}_3 = \mathfrak{n}_1 ; \quad \mathfrak{n}_3 \times \mathfrak{n}_1 = \mathfrak{n}_2$$

dann nach (A) und (B)

$$\boxed{\mathfrak{a} \times \mathfrak{b} = (a_2 b_3 - a_3 b_2)\mathfrak{n}_1 + (b_1 a_3 - a_1 b_3)\mathfrak{n}_2 + (a_1 b_2 - b_1 a_2)\mathfrak{n}_3 .}$$

Wer bereits die Ausrechnung einer dreireihigen Determinante nach der SARRUSschen Regel kennt, kann die Komponenten des Vektorproduktes aus folgender "Determinante" ausrechnen:

$$\mathfrak{a} \times \mathfrak{b} = \begin{vmatrix} \mathfrak{n}_1 & \mathfrak{n}_2 & \mathfrak{n}_3 \\ a_1 & a_2 & a_3 \\ b_1 & b_2 & b_3 \end{vmatrix}$$

Im Sinne der Definition von § 9 ist dies aber k e i n e Determinante.

7. Kurven 2. Grades

Wir wollen zunächst alle die Kegelschnitte, die nicht Kreise sind, durch ihre Leitlinieneigenschaft definieren: Seien O,l ein Punkt-Geradenpaar mit $O \notin l$ und ε eine reelle Zahl größer Null. Dann heißt die Menge der Punkte X, deren Abstand von O zu dem Abstand von l im Verhältnis ε stehen, ein Kegelschnitt, und zwar eine Ellipse, eine Parabel, eine Hyperbel, je nachdem ob $\varepsilon < 1$ oder $\varepsilon = 1$ oder $\varepsilon > 1$ ist.

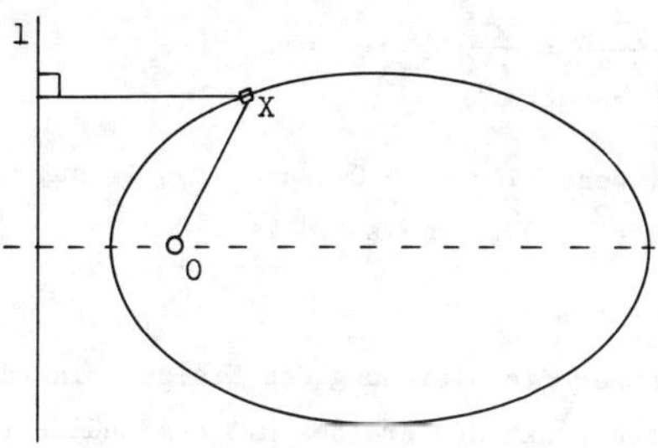

Ein Kreis ist natürlich als die Menge aller Punkte X definiert, die zu einem festen Punkt 0 den gleichen positiven Abstand haben. Ein Kreis soll auch ein Kegelschnitt heißen.

Wir wollen nun die Gleichung für einen Kegelschnitt herleiten, der nicht Kreis ist: Ist der Punkt 0 der Nullpunkt, der "Aufpunkt" für die Ortsvektoren $\mathfrak{r}$ der Punkte X , und hat die Gerade l, die "Leitlinie", eine Darstellung in der HESSEschen Normalform $\mathfrak{y}\,\mathfrak{n} - d = 0$, so gilt für den Ortsvektor $\mathfrak{r}$ eines Punktes X auf dem Kegelschnitt, der durch ε gegeben ist:

$$|\mathfrak{r}| = \varepsilon|\mathfrak{r}\,\mathfrak{n} - d| \qquad \varepsilon > 0 ,$$

oder

$$(10) \qquad \mathfrak{r}^2 = \varepsilon^2(\mathfrak{r}\,\mathfrak{n} - d)^2 .$$

Wir wollen die Komponentendarstellung in einer Orthonormalbasis herleiten. Wir wählen dazu $\mathfrak{n}_1 = \mathfrak{n}$ und $\mathfrak{n}_2$ senkrecht zu $\mathfrak{n}_1$. Dann ist für $\mathfrak{r} = x\,\mathfrak{n}_1 + y\,\mathfrak{n}_2$:

$$x^2 + y^2 = \varepsilon^2(x - d)^2 .$$

Für $\varepsilon = 1$ folgt mit $x^* = \frac{d}{2} - x$ und $p = d$ die bekannte Parabelgleichung

$$(11) \qquad y^2 = 2px^* .$$

Für $\varepsilon \neq 1$ ergibt sich nach leichter Rechnung mit $x^* = x + \frac{\varepsilon^2 d}{1 - \varepsilon^2}$ und $a^2 = \frac{\varepsilon^2 d^2}{(1 - \varepsilon^2)^2}$ und $b^2 = \frac{\varepsilon^2 d^2}{|1 - \varepsilon^2|}$ die bekannte Ellipsen- bzw. Hyperbelgleichung

$$(12) \qquad \frac{x^{*2}}{a^2} + (1 - \varepsilon^2)\frac{y^2}{\varepsilon^2 d^2} = \frac{x^{*2}}{a^2} \pm \frac{y^2}{b^2} = 1 \quad .$$

Dabei gilt das Pluszeichen, wenn $1 - \varepsilon^2 > 0$, also $\varepsilon < 1$ ist, und das Minuszeichen, wenn $1 - \varepsilon^2 < 0$, also $\varepsilon > 1$ ist. Der Fall $a = b$ ist für $\varepsilon < 1$ nicht möglich.

In (12) läßt sich offenbar die Gleichung des Kreises einordnen: Ist der Nullpunkt O der Mittelpunkt des Kreises mit dem Radius r, so gilt für den Ortsvektor $\mathfrak{x}$ des Punktes X auf dem Kreis: $|\mathfrak{x}| = r$ oder $\mathfrak{x}^2 = r^2$. In einer Orthonormalbasis $\mathfrak{n}_1, \mathfrak{n}_2$ ist dann für $\mathfrak{x} = x\mathfrak{n}_1 + y\mathfrak{n}_2$ ersichtlich $x^2 + y^2 = r^2$, also

$$\frac{x^2}{r^2} + \frac{y^2}{r^2} = 1 \quad .$$

Mithin gilt für alle Kegelschnitte, einschließlich des Kreises, eine Gleichung der Form

$$(13) \qquad \frac{x^2}{a^2} \pm \frac{y^2}{b^2} = 1 \quad .$$

Zur Vorbereitung allgemeinerer Begriffe wollen wir an (10) einige Bemerkungen anschließen. Aus (10) folgt:

$$(14) \qquad \mathfrak{x}\mathfrak{x} = \varepsilon^2(\mathfrak{x}\mathfrak{u})^2 - 2\varepsilon^2 d(\mathfrak{x}\mathfrak{u}) + \varepsilon^2 d^2 \quad .$$

Setzen wir

$$f(\mathfrak{x}, \mathfrak{y}) = \mathfrak{x}\mathfrak{y} - \varepsilon^2(\mathfrak{x}\mathfrak{u})(\mathfrak{y}\mathfrak{u}) \quad ,$$

so ist f eine Abbildung von $V \times V$ in $\mathbb{R}$ (wenn V die Menge aller Vektoren in der Ebene ist) mit folgenden Eigenschaften:

$$(15) \qquad \begin{aligned} f(\mathfrak{x}, \mathfrak{y}) &= f(\mathfrak{y}, \mathfrak{x}) & \forall\, \mathfrak{x}, \mathfrak{y} \in V \\ f(\mathfrak{x}, \mathfrak{y} + \mathfrak{y}') &= f(\mathfrak{x}, \mathfrak{y}) + f(\mathfrak{x}, \mathfrak{y}') \;, & \forall\, \mathfrak{x}, \mathfrak{y}, \mathfrak{y}' \in V \\ f(\lambda\mathfrak{x}, \mathfrak{y}) &= \lambda f(\mathfrak{x}, \mathfrak{y}) & \forall\, \mathfrak{x}, \mathfrak{y} \in V;\ \lambda \in \mathbb{R} . \end{aligned}$$

Man rechnet die Eigenschaften (15) leicht nach. Z. B. gilt für die zweite Zeile: $f(\mathfrak{x},\mathfrak{y}+\mathfrak{y}') = \mathfrak{x}(\mathfrak{y}+\mathfrak{y}') - \varepsilon^2(\mathfrak{x}\mathfrak{u})((\mathfrak{y}+\mathfrak{y}')\mathfrak{u}) = \mathfrak{x}\mathfrak{y} + \mathfrak{x}\mathfrak{y}' - \varepsilon^2(\mathfrak{x}\mathfrak{u})(\mathfrak{y}\mathfrak{u}) - \varepsilon^2(\mathfrak{x}\mathfrak{u})(\mathfrak{y}'\mathfrak{u}) = f(\mathfrak{x},\mathfrak{y}) + f(\mathfrak{x},\mathfrak{y}')$.

Eine Abbildung f von $V \times V$ in $\mathbb{R}$ mit den Eigenschaften (15) heißt eine <u>Bilinearform</u>.

Die Abbildung Q von V in $\mathbb{R}$ mit $Q(\mathfrak{x}) = f(\mathfrak{x},\mathfrak{x}) \quad \forall\ \mathfrak{x} \in V$ heißt die zu f gehörige <u>quadratische Form</u>. Offenbar gilt

$$f(\mathfrak{x},\mathfrak{y}) = \frac{1}{2}\left[Q(\mathfrak{x}+\mathfrak{y}) - Q(\mathfrak{x}) - Q(\mathfrak{y})\right] \qquad \forall\ \mathfrak{x},\mathfrak{y} \in V.$$

Ist $\mathfrak{n}_1, \mathfrak{n}_2$ eine Basis von V, so gilt für $\mathfrak{x} = x_1\mathfrak{n}_1 + x_2\mathfrak{n}_2$ und $\mathfrak{y} = y_1\mathfrak{n}_1 + y_2\mathfrak{n}_2$ und $a_{ik} = f(\mathfrak{n}_i,\mathfrak{n}_k)$ (für i,k = 1,2):

$$f(\mathfrak{x},\mathfrak{y}) = a_{11}x_1y_1 + a_{12}x_1y_2 + a_{21}x_2y_1 + a_{22}x_2y_2 \quad .$$

Für die quadratische Form Q gilt, wenn $\mathfrak{x} = x\mathfrak{n}_1 + y\mathfrak{n}_2$ ist:

$$Q(\mathfrak{x}) = f(\mathfrak{x},\mathfrak{x}) = a_{11}x^2 + 2a_{12}xy + a_{22}y^2 \quad .$$

Setzen wir weiterhin in (10): $g(\mathfrak{x}) = 2d\varepsilon^2(\mathfrak{x}\mathfrak{u}) \quad \forall\ \mathfrak{x} \in V$. Dann ist g eine Abbildung von V in $\mathbb{R}$ mit folgenden Eigenschaften:

$$(16) \qquad \begin{aligned} g(\mathfrak{x}+\mathfrak{y}) &= g(\mathfrak{x}) + g(\mathfrak{y}) && \forall\ \mathfrak{x},\mathfrak{y} \in V \\ g(\lambda\mathfrak{x}) &= \lambda g(\mathfrak{x}) && \forall\ \mathfrak{x} \in V;\ \forall \lambda \in \mathbb{R} \end{aligned}$$

Eine Abbildung g von V in $\mathbb{R}$ mit diesen Eigenschaften heißt eine <u>Linearform</u>.

Für eine Basis $\mathfrak{n}_1, \mathfrak{n}_2$ von V wird dann mit $\mathfrak{x} = x_1\mathfrak{n}_1 + x_2\mathfrak{n}_2$ und $g(\mathfrak{n}_i) = b_i$ (für i = 1,2):

$$g(\mathfrak{x}) = b_1x_1 + b_2x_2 \quad .$$

Die Kegelschnittgleichung bekommt mit f und g und $c = \varepsilon^2 d^2$ die Form:

$$(17) \qquad f(\mathfrak{x}, \mathfrak{x}) + g(\mathfrak{x}) + c = 0$$

oder

$$\underbrace{Q(\mathfrak{x})}_{\text{quadr.Form}} + \underbrace{g(\mathfrak{x})}_{\text{Linearform}} + c = 0 \quad .$$

In Komponenten schreibt sie sich, wenn $\mathfrak{x} = x_1 \mathfrak{n}_1 + x_2 \mathfrak{n}_2$ ist:

$$(18) \qquad a_{11}x^2 + 2a_{12}xy + a_{22}y^2 + b_1x + b_2y + c = 0 \quad .$$

Sind die a_{ik}, b_i, c (i,k = 1,2) beliebige reelle Zahlen, so heißt die Menge der Punkte (x,y), die der Gleichung (18) genügen, eine Kurve 2. Grades: Offenbar sind die Kegelschnitte Kurven 2. Grades. Aber nicht jede Kurve 2. Grades ist ein Kegelschnitt: z. B. ist

$$\{(x,y) \mid x^2 + 2xy + y^2 - 1 = 0\} = \{(x,y) \mid x + y = \pm 1\}$$

die Menge der Punkte auf den sich schneidenden Geraden mit den Gleichungen $x + y = +1$ bzw. $x + y = -1$. Ferner ist die leere Menge von Punkten nach Definition eine Kurve 2. Grades:

$$\{(x,y) \mid x^2 + y^2 + 1 = 0\} = 0 \quad .$$

Denn es ist $x^2 + y^2 \geqq 0$ für alle $(x,y) \in \mathbb{R} \times \mathbb{R}$ und somit $x^2+y^2 \neq -1$ für alle $(x,y) \in \mathbb{R} \times \mathbb{R}$. Endlich ist auch die Menge aller Punkte eine Kurve 2. Grades:

$$\{(x,y) \mid 0 \cdot x^2 + 0 \cdot y^2 = 0\} = \{(x,y) \mid x,y \in \mathbb{R}\} = \mathbb{R} \times \mathbb{R} \quad .$$

§ 3 Gruppen, Körper, Vektorräume

Nach dem vorangegangenen Paragraphen, der Anschauungsmaterial für die lineare Algebra zur Verfügung stellen sollte, wollen wir den strengen Aufbau der linearen Algebra beginnen. Wir gründen uns - wie schon bemerkt - auf ein intuitives Verständnis der Mengenlehre, also auf das, was am Anfang in § 1 auseinandergesetzt wurde. Von nun an - und dies sei vor allem dem Studienanfänger gesagt - darf außer den Regeln der Logik nichts beim Formulieren oder Beweisen verwendet werden, was nicht in § 1 gesagt oder hier ausdrücklich definiert oder vorausgesetzt worden ist.

Das Ziel dieses Paragraphen ist es, den Begriff des Vektors und den eines Vektorraumes zu fassen. Es wird sich herausstellen, daß unsere Definition eines Vektorraumes und eines Vektors so allgemein ist, daß einiges darunterfällt, was man zunächst nicht vermutet, z. B. kann man die Menge der Funktionen einer reellen Veränderlichen als einen Vektorraum und die Funktionen als Vektoren auffassen. Darin liegt aber ein wesentlicher Gewinn: die Methoden der linearen Algebra können z. B. auch in der Analysis angewendet werden.

Zur Vorbereitung des Vektorbegriffs definieren wir den Begriff der Gruppe. Die Mathematik ist heute ohne den Begriff der Gruppe als einem allgemeinen und ordnenden Begriff mit übersichtlichen Eigenschaften nicht mehr denkbar. Es kann nicht Gegenstand dieser Vorlesung sein, die Theorie der Gruppen genauer auszuführen. Vielmehr beschränken wir uns auf die Definition, die Angabe einiger wichtiger Beispiele und auf die Herleitung einiger unablässig benutzter Gruppenregeln, letzteres nicht zuletzt auch als Beispiele für das Beweisen von Aussagen aus Axiomen.

Wir beginnen nun den Aufbau der Theorie der Vektorräume und definieren zunächst den Begriff einer Gruppe.

1. Gruppen

Definition: Sei G eine nichtleere Menge und α eine Abbildung von $G \times G$ in G. Wir setzen $\alpha(a,b) = a \circ b$ und nennen α bzw. $\circ$ eine Verknüpfung in G. Das Paar $(G,\circ)$ heißt eine Gruppe, wenn gilt:

Axiom G1: Es gilt $(a \circ b) \circ c = a \circ (b \circ c)$ $\forall$ a,b,c aus G.

Axiom G2: Es gibt ein Element e in G mit $e \circ a = a$ für alle a aus G.

Wir nennen e ein neutrales Element der Gruppe.

Axiom G3: Zu jedem Element a aus G gibt es ein Element a' in G mit $a' \circ a = e$.

Wir nennen a' ein zu a inverses Element. Statt $(G,\circ)$ nennen wir auch kurz G selbst eine Gruppe.

Die Verknüpfung $\circ$ in G kann man als Addition oder als Multiplikation deuten. Man schreibt dann $a + b$ bzw. ab statt $a \circ b$. Für e setzt man 0 bzw. 1 und spricht vom Null- bzw. Einselement. Das inverse Element wird mit $-a$ bzw. a^{-1} bezeichnet. Die Deutung als Addition wird vor allem in Gruppen gewählt, in denen das kommutative Gesetz gilt, d. h. das

Axiom G4: Es gilt $a \circ b = b \circ a$ $\forall$ a,b aus G.

Eine Gruppe $(G,\circ)$, für welche Axiom G4 gilt, heißt eine abelsche Gruppe.

Beispiele zu Gruppen:

1) $(\mathbb{R} \setminus \{0\}, \cdot)$.

2) $(\mathbb{Z}, +)$.

3) $(\mathbb{R}, +)$.

Keine Gruppen sind $(\mathbb{N}, +)$ und $(\mathbb{R}, \cdot)$.

Als weiteres Beispiel für eine Gruppe nennen wir die Menge S_M der Permutationen einer nichtleeren Menge M. Dabei ist eine Permutation von M eine bijektive Abbildung von M auf sich. Wir definieren in S_M eine Verknüpfung durch das Hintereinanderausführen der Permutationen: Sei $\sigma \circ \tau$ für $\sigma, \tau \in S_M$ die Abbildung von M in sich mit

$$(\sigma \circ \tau)(x) = \sigma(\tau(x)) \qquad \forall \; x \text{ aus } M .$$

Dann ist $\sigma \circ \tau$ eine Permutation von M, denn $\sigma \circ \tau$ ist injektiv: Aus $(\sigma \circ \tau)(x) = (\sigma \circ \tau)(x')$ folgt $\sigma(\tau(x)) = \sigma(\tau(x'))$, also $\tau(x) = \tau(x')$, da σ injektiv ist, und somit $x = x'$, da τ injektiv ist. Ferner ist $\sigma \circ \tau$ auch surjektiv: Sei $y \in M$, dann gibt es ein $z \in M$ mit $\sigma(z) = y$, denn σ ist surjektiv. Da τ surjektiv ist, gibt es ein x mit $\tau(x) = z$. Mithin ist $(\sigma \circ \tau)(x) = \sigma(\tau(x)) = \sigma(z) = y$. Damit ist $\sigma \circ \tau$ injektiv und surjektiv, also bijektiv und somit eine Permutation von M.

$\circ$ ist also eine Verknüpfung in S_M. Wir behaupten weiter

(A) $(S_M, \circ)$ ist eine Gruppe.

Beweis: Wir weisen G1 nach: Es ist $((\sigma \circ \tau) \circ \rho)(x) = (\sigma \circ \tau)(\rho(x)) = \sigma(\tau(\rho(x))) = \sigma((\tau \circ \rho)(x)) = (\sigma \circ (\tau \circ \rho))(x)$ für alle x aus M. Mithin gilt $(\sigma \circ \tau) \circ \rho = \sigma \circ (\tau \circ \rho)$.

Nachweis von G2: Für die identische Abbildung ι von M auf sich gilt: $(\iota \circ \sigma)(x) = \iota(\sigma(x)) = \sigma(x)$ für alle x aus M. Also ist $\iota \circ \sigma = \sigma$ für alle σ aus S_M.

Nachweis von G3: Sei $\sigma \in S_M$. Wir betrachten τ mit

$$\tau(x) = y \quad , \qquad \text{wenn } \sigma(y) = x \quad .$$

Da σ bijektiv ist, gibt es zu jedem x aus M genau ein y mit $\sigma(y) = x$, d. h. τ ist eine Abbildung von M in sich. τ ist darüberhinaus eine Permutation von M, und es gilt $(\tau \circ \sigma)(x) = \tau(\sigma(x)) = x = \iota(x)$ für alle x aus M, also $\tau \circ \sigma = \iota$.

Die Gruppe $(S_M, \circ)$ heißt die (volle) <u>Permutationsgruppe</u> von M.

2. Erste Folgerungen aus den Gruppenaxiomen

Wir überlegen einige Regeln für das Rechnen in Gruppen.

(B) Aus $a' \circ a = e$ folgt $a \circ a' = e$.

Beweis: Nach G3 gibt es ein b mit $b \circ a' = e$. Dann gilt

$$a \circ a' \overset{G2}{=} e \circ (a \circ a') = (b \circ a') \circ (a \circ a') \overset{G1}{=} b \circ (a' \circ a) \circ a' =$$
$$= b \circ e \circ a' \overset{G2}{=} b \circ a' = e \quad .$$

Nach (B) ist jedes linksinverse Element auch rechtsinverses Element.

(C) Es gilt $a \circ e = a$ für alle a aus G.

Beweis: $a \circ e = a \circ (a' \circ a) \overset{G1}{=} (a \circ a') \; a \overset{(B)}{=} e \circ a = a.$

Nach (C) ist jedes linksneutrale Element auch rechtsneutrales Element.

(D) Es gibt in G höchstens ein neutrales Element und zu jedem a höchstens ein inverses Element.

Beweis: Sind e,e' zwei neutrale Elemente in G, so gilt

$$e \overset{(B)}{=} e \circ e' \overset{G2}{=} e'.$$

Sind a', a" zwei zu a inverse Elemente, so ist

$$a'' \overset{G2}{=} e \circ a'' \overset{G3}{=} (a' \circ a) \circ a'' \overset{G1}{=} a' \circ (a \circ a'') \overset{(B)}{=} a' \circ e \overset{(C)}{=} a'.$$

Wir haben damit gezeigt, daß es in jeder Gruppe genau ein neutrales Element gibt und zu jedem Element x genau ein inverses, das wir im folgenden mit x^{-1} bezeichnen.

(E) (Möglichkeit der Division): Zu a,b aus G gibt es x,y aus G mit $a \circ x = b$ und $y \circ a = b$.

Beweis: Man setze $x = a^{-1} \circ b$ und $y = b \circ a^{-1}$.

(F) (Eindeutigkeit der Division): Aus $a \circ x = a \circ x'$ folgt $x = x'$ und aus $y \circ b = y' \circ b$ folgt $y = y'$.

Beweis: Es ist $x = e \circ x = (a^{-1} \circ a) \circ x = a^{-1} \circ (a \circ x) = a^{-1} \circ (a \circ x')$ $= (a^{-1} \circ a) \circ x' = e \circ x' = x'$.

Analog folgt die zweite Aussage.

(G) Es ist $(a \circ b)^{-1} = b^{-1} \circ a^{-1}$ und $(a^{-1})^{-1} = a$ für alle $a,b \in G$.

Beweis: $(a \circ b) \circ (b^{-1} \circ a^{-1}) = a \circ (b \circ b^{-1}) \circ a^{-1} = a \circ a^{-1} = e$. Ferner folgt $(a^{-1})^{-1} = a$ aus (B).

3. Körper

Definition: Ein Tripel $(K,+,\cdot)$ bestehend aus einer Menge K und zwei Verknüpfungen $+,\cdot$ heißt ein <u>Körper</u>, wenn die folgenden Axiome gelten:

<u>K1</u> (K,+) ist eine Gruppe. Das neutrale Element sei mit 0 bezeichnet.

<u>K2</u> $(K \setminus \{0\},\cdot)$ ist eine abelsche Gruppe. Das neutrale Element werde mit 1 bezeichnet.

<u>K3</u> Es gilt $0\cdot a = 0$ für alle $a \in K$.

<u>K4</u> Es gilt $a\cdot(b + c) = a\cdot b + a\cdot c$ (Distributivgesetz) für alle $a,b,c \in K$.

Beispiele:

1) $(\mathbb{Q},+,\cdot)$ ist der Körper der rationalen Zahlen.

2) $(\mathbb{R},+,\cdot)$ ist der Körper der reellen Zahlen.

3) $(\mathbb{C},+,\cdot)$ ist der Körper der komplexen Zahlen.

4) Wir betrachten eine zweielementige Menge K, deren Elemente wir mit 0 und 1 bezeichnen und definieren: $0 + 0 = 0$, $0 + 1 = 1 + 0 = 1$, $1 + 1 = 0$, $0\cdot 0 = 0\cdot 1 = 1\cdot 0 = 0$, $1\cdot 1 = 1$. Man prüft leicht nach, daß $(K,+,\cdot)$ ein Körper ist.

Die ganzen Zahlen $(\mathbb{Z},+,\cdot)$ bilden keinen Körper.

Das inverse Element eines Elementes $a \in K$ $(a \neq 0)$ bezüglich der Körpermultiplikation wird durchweg mit a^{-1} bezeichnet; das Multiplikationszeichen $\cdot$ läßt man häufig weg (d. h. ab bedeutet $a\cdot b$). Invers zu $a \in K$ bezüglich der Addition sei $-a$. Für $a + (-b)$ schreibt man kürzer $a - b$.

4. Erste Folgerungen aus den Körperaxiomen

Wir wollen aus den Axiomen K1 bis K4 einige Folgerungen herleiten. Zunächst gilt

$$\left.\begin{array}{ll} \text{K3'} & a\cdot 0 = 0 \\ \text{K4'} & (a + b)\cdot c = ac + bc \end{array}\right\} \quad \forall \quad a,b,c \in K .$$

Beweis: Es gilt K3', da $a\cdot 0 = a\cdot 0 + a\cdot 0 - a\cdot 0 = a(0 + 0) - a\cdot 0 = a0 - a0 = 0$. Es gilt K4', da nach K2 und dem eben Bewiesenen für das Nullelement $ab = ba$ für alle Körperelemente gilt. Dann ist $(a + b)c = c(a + b) = ca + cb = ac + bc$.

Wir weisen weiter nach:

K1' Die Gruppe $(K,+)$ ist abelsch.

Beweis: $a + b = -a + a + a + b + b - b = -a + a(1+1) + b(1+1) - b \overset{K4'}{=} -a + (a + b)(1+1) - b \overset{K4}{=} -a + (a + b) + (a + b) - b = b + a$.

Die nächsten Folgerungen zeigen, daß man mit dem Minuszeichen in der gewohnten Weise operieren darf. Es folgt aber nicht, daß man die Körperelemente in positive und negative einteilen kann. So ist in dem Körper aus Beispiel 4) offenbar $-1 = 1$.

(H) Es gilt $a(b - c) = ab - ac$, und $(a - b)c = ac - ab$.

Beweis: $a(b - c) = a(b - c) + ac - ac \overset{K4}{=} a((b - c) + c) - ac = ab - ac$

$$(a - b)c = (a - b)c + bc - bc \overset{K4'}{=} ((a - b) + b)c - bc = ac - bc.$$

(T) Es gilt $(a - b)(c - d) = ac - ad - bc + bd$.

Beweis:
$$\begin{aligned}(a - b)(c - d) &= (a - b)(c - d) + (a - b)d - (a - b)d \\ &= (a - b)(c - d + d) \qquad - (ad - bd) \\ &= (a - b)c \qquad - (-bd) - ad \\ &= ac - bc + bd - ad\ .\end{aligned}$$

(J) Es gilt $a(-b) = -ab$ und $(-a)b = -ab$.

Beweis: $a(-b) = a(0 - b) = a0 - ab = -ab$ folgt aus K3' und (G). Entsprechend folgt die zweite Aussage.

(K) Es gilt $(-a)(-b) = ab$.

Beweis: Denn es ist $(-a)(-b) \overset{(J)}{=} -(-a)\cdot b = -b(-a) \overset{(J)}{=} -(-a\cdot b) = ab$.

(L) Aus $ab = 0$ folgt $a = 0$ oder $b = 0$.

Beweis: Ist $a \neq 0$, so gibt es a^{-1} in der Gruppe $(K \setminus \{0\},\cdot)$, so daß $b = 1b = a^{-1}ab = a^{-1}0 = 0$ folgt.

Aus den Aussagen (E) und (F) folgt für die von 0 verschiedenen Elemente aus K:

(M) Zu $a,b \in K$ mit $a \neq 0$ gibt es genau ein x aus K mit $ax = xa = b$.

5. Vektorräume

Definition: Sei V eine abelsche Gruppe, K ein Körper und α eine Abbildung von $K \times V$ in V. Wir setzen $(\lambda, \mathfrak{a})\alpha = \lambda\mathfrak{a}$ für $\lambda \in K$ und $\mathfrak{a} \in V$. Das Tripel (V,K,α) heißt ein <u>Vektorraum</u>, wenn folgende Axiome gelten:

$$\left.\begin{array}{ll} \underline{V1} & (\lambda + \mu)\mathfrak{a} = \lambda\mathfrak{a} + \mu\mathfrak{a} \\ \underline{V2} & \lambda(\mathfrak{a} + \mathfrak{b}) = \lambda\mathfrak{a} + \lambda\mathfrak{b} \\ \underline{V3} & \lambda(\mu\mathfrak{a}) = (\lambda\mu)\mathfrak{a} \\ \underline{V4} & 1\mathfrak{a} = \mathfrak{a} \end{array}\right\} \quad \begin{array}{l} \forall \lambda,\mu \in K \\ \forall \mathfrak{a},\mathfrak{b} \in V \end{array}$$

Die Elemente von V heißen <u>Vektoren</u>, die Elemente von K <u>Skalare</u>, und α heißt die <u>äußere Multiplikation</u> (von Vektoren mit Skalaren). Statt (V,K,α) nennen wir auch (V,K) bzw. V selbst einen Vektorraum.

Als Beispiele können wir die Menge der Vektoren der euklidischen Ebene nennen, wie wir sie in § 2 kennenlernten.

Weitere Beispiele konstruieren wir in kanonischer Weise über jedem beliebigen Körper K: Sei $V = \underbrace{K \times K \times \ldots \times K}_{n\text{-mal}} = K^n$. Dann definieren wir für die Elemente von V eine Addition + und eine Multiplikation · von Elementen aus K mit Elementen aus V durch :

$$(x_1,\ldots,x_n) + (y_1,\ldots,y_n) = (x_1 + y_1,\ldots,x_n + y_n)$$

und

$$\lambda\cdot(x_1,\ldots,x_n) = (\lambda x_1,\ldots,\lambda x_n) .$$

Offenbar ist + eine Verknüpfung und · eine Abbildung von $K \times V$ in V. Wir behaupten dann

(N) Das Paar $(V,+)$ bildet eine Gruppe und das Tripel $(V,K,\cdot)$ einen Vektorraum.

Beweis: (V,+) ist eine Gruppe: V ist nicht leer. Das Assoziativgesetz in V folgt aus dem Assoziativgesetz in K: Es ist $((a_1,\dots,a_n) + (b_1,\dots,b_n)) + (c_1,\dots,c_n) = (a_1 + b_1,\dots,a_n + b_n) + (c_1,\dots,c_n) = ((a_1 + b_1) + c_1, \dots ,(a_n + b_n) + c_n) = (a_1 + (b_1 + c_1), \dots ,a_n + (b_n + c_n)) = (a_1,\dots,a_n) + (b_1 + c_1, \dots \dots , b_n + c_n) = (a_1,\dots,a_n) + ((b_1,\dots,b_n) + (c_1,\dots,c_n))$. Das Element $(0,\dots,0)$ ist Nullelement in V und zu $(a_1,\dots,a_n)$ ist $(-a_1,\dots,-a_n)$ invers. Das Kommutativgesetz gilt ersichtlich auch, also ist (V,+) eine abelsche Gruppe.

(V,K,·) ist ein Vektorraum: Nachweis von V1: $(\lambda + \mu)\cdot(a_1,\dots,a_n) = ((\lambda + \mu)a_1, \dots ,(\lambda + \mu)a_n) = (\lambda a_1 + \mu a_1, \dots ,\lambda a_n + \mu a_n) = (\lambda a_1,\dots,\lambda a_n) + (\mu a_1,\dots,\mu a_n) = \lambda(a_1,\dots,a_n) + \mu(a_1,\dots,a_n)$. Analog überlegt man V2 und V3. Nachweis von V4: $1\cdot(a_1,\dots,a_n) = (1\cdot a_1,\dots,1\cdot a_n) = (a_1,\dots,a_n)$. Damit ist (N) bewiesen.

Wir wollen noch ein weiteres sehr wichtiges Beispiel nennen: Sei F die Menge aller reellen Funktionen, d.h. aller Abbildungen von $\mathbb{R}$ in sich. Dann definieren wir in F eine Addition + und eine Multiplikation · von reellen Zahlen mit Elementen aus F durch:

$$\left.\begin{aligned} (f + g)(x) &= f(x) + g(x) \\ (\lambda\cdot f)(x) &= \lambda f(x) \end{aligned}\right\} \quad \forall \ x \in \mathbb{R} .$$

Dies bedeutet: Sind f,g Funktionen aus F, so ist f + g die Funktion, die jeder reellen Zahl x die Zahl f(x) + g(x) zuordnet. Ist f eine Funktion aus F und λ eine reelle Zahl, so ist $\lambda\cdot f$ die Funktion, die jeder reellen Zahl x die Zahl $\lambda f(x)$ zuordnet. Offenbar ist + eine Verknüpfung in F und · eine Abbildung von $\mathbb{R} \times F$ in F.

Wir behaupten nun:

(O) (F,+) ist eine abelsche Gruppe und $(F,\mathbb{R},\cdot)$ ist ein Vektorraum.

Beweis: a) (F,+) ist eine abelsche Gruppe. Denn das Assoziativgesetz und das Kommutativgesetz in (F,+) folgt aus dem Assoziativgesetz und dem Kommutativgesetz in $\mathbb{R}$. Mithin gelten die Axiome G1 und G4 für (F,+). Für Axiom G2 betrachten wir die Funktion $\mathbf{0}$ mit $\mathbf{0}(x) = 0$ für alle x aus $\mathbb{R}$. Offenbar ist $\mathbf{0} \in F$ und $f + \mathbf{0} = f$ für alle f aus F. Also gilt Axiom G2. Für Axiom G3 sei f ein beliebiges Element aus F und g die Funktion mit $g(x) = - f(x)$ für alle x aus $\mathbb{R}$. Dann ist $g \in F$ und $f + g = \mathbf{0}$. Also ist Axiom G3 gültig, mithin (F,+) eine abelsche Gruppe.

b) $(F, \mathbb{R}, \cdot)$ ist ein Vektorraum. Wir weisen nur die Gültigkeit von V2 und V4 nach - die beiden anderen Eigenschaften lassen sich analog beweisen. Zu V2: Seien $f,g \in F$ und $\lambda \in \mathbb{R}$. Dann gilt $(\lambda\cdot(f+g))(x) = \lambda(f + g)(x) = \lambda(f(x) + g(x)) = \lambda f(x) + \lambda g(x) = (\lambda\cdot f)(x) + (\lambda\cdot g)(x) = (\lambda\cdot f + \lambda\cdot g)(x)$ für alle x aus $\mathbb{R}$, also $\lambda\cdot(f + g) = \lambda\cdot f + \lambda\cdot g$. Zu V4: Für $f \in F$ ist $(1\cdot f)(x) = f(x)$ für alle x aus $\mathbb{R}$, also $1\cdot f = f$. Damit ist (O) bewiesen.

An den Schluß dieses Paragraphen stellen wir zwei viel verwendete Aussagen, die unmittelbar aus den Vektorraumaxiomen folgen:

(P) In einem Vektorraum gilt $\lambda\cdot \mathfrak{v} = \mathfrak{o}$ genau dann, wenn $\lambda = 0$ oder $\mathfrak{v} = \mathfrak{o}$ ist.

Beweis: A) Sei $\lambda = 0$. Dann gilt: $0\cdot \mathfrak{v} = (0 + 0)\cdot\mathfrak{v} = 0\cdot \mathfrak{v} + 0\cdot \mathfrak{v}$, also $0\cdot \mathfrak{v} = \mathfrak{o}$ nach G2 und (G).
Sei $\mathfrak{v} = \mathfrak{o}$. Dann schließen wir: $\lambda \cdot \mathfrak{o} = \lambda(\mathfrak{o} + \mathfrak{o}) = \lambda \mathfrak{o} + \lambda \mathfrak{o}$, also nach G2 und (G) dann $\lambda \mathfrak{v} = \lambda \mathfrak{o} = \mathfrak{o}$.
B) Sei $\lambda \mathfrak{v} = \mathfrak{o}$. Dann ist $\lambda = 0$ oder $\lambda \neq 0$. In letzterem Falle gibt es ein λ^{-1} in K, und es gilt $\mathfrak{v} = (\lambda^{-1}\lambda) \mathfrak{v} = \lambda^{-1}(\lambda \mathfrak{v}) = \lambda^{-1} \mathfrak{o} = \mathfrak{o}$ nach A). Damit ist (P) bewiesen.

(Q) In einem Vektorraum gilt $(-\lambda)\mathfrak{v} = - (\lambda \mathfrak{v})$ für alle λ aus K und alle $\mathfrak{v}$ aus V.

Beweis: Aus $(\lambda \mathfrak{v}) + (-\lambda) \mathfrak{v} = (\lambda - \lambda) \mathfrak{v} = 0 \mathfrak{v} = \mathfrak{o}$ folgt nach G3 und (D) $(-\lambda)\mathfrak{v} = - (\lambda \mathfrak{v})$.

§ 4 Vektorräume endlicher Dimension

1. Lineare Abhängigkeit

V sei im folgenden stets ein Vektorraum über dem Körper K.
Definition: p Vektoren $\mathfrak{v}_1,\dots,\mathfrak{v}_p$ aus V heißen <u>linear abhängig</u>, wenn es $a_1,\dots,a_p$ aus K gibt, die nicht alle Null sind, so daß gilt

$$a_1\mathfrak{v}_1 + a_2\mathfrak{v}_2 + \dots + a_p\mathfrak{v}_p = \mathfrak{o} .$$

Nicht linear abhängige Vektoren heißen <u>linear unabhängig</u>. Nach Definition sind p Vektoren $\mathfrak{v}_1,\dots,\mathfrak{v}_p$ genau dann linear unabhängig, wenn gilt

(✱) Aus $a_1\mathfrak{v}_1 + a_2\mathfrak{v}_2 + \dots + a_p\mathfrak{v}_p = \mathfrak{o}$ folgt $a_1=a_2=\dots= a_p= 0$.

Beispiele:

1) (1,2) und (3,6) sind linear abhängige Vektoren des $\mathbb{R}^2$.

2) (2,0,0) , (0,3,4) , (0,1,5) sind linear unabhängige Vektoren des $\mathbb{R}^3$.

3) Im Vektorraum K^n (vgl. § 3) sind die Vektoren (1,0,0,...,0) , (0,1,0,...,0) , ... , (0,0,...,0,1) linear unabhängig.

Anschaulich bedeutet die lineare Unabhängigkeit von zwei Vektoren im $\mathbb{R}^3$, daß sie nicht auf einer Geraden durch $\mathfrak{o} = (0,0,0)$ liegen, die Unabhängigkeit von drei Vektoren, daß sie nicht in einer Ebene durch $\mathfrak{o}$ liegen.

Definition: Ein Vektor $\mathfrak{v} \in V$ heißt eine <u>Linearkombination</u> der Vektoren $\mathfrak{v}_1,\dots,\mathfrak{v}_p$ aus V , wenn es $a_1,\dots,a_p$ aus K gibt mit

$$\mathfrak{v} = a_1\mathfrak{v}_1 + a_2\mathfrak{v}_2 + \dots + a_p\mathfrak{v}_p \quad .$$

Beispiel:

4) Im $\mathbb{R}^4$ ist $(7,\frac{1}{6},15,\pi)$ eine Linearkombination der Vektoren $(1,0,0,0)$, $(0,\frac{1}{60},1,0)$, $(0,0,1,\frac{\pi}{5})$, denn es gilt $(7,\frac{1}{6},15,\pi) = 7(1,0,0,0) + 10(0,\frac{1}{60},1,0) + 5(0,0,1,\frac{\pi}{5})$.

Es gelten folgende Aussagen über die lineare Abhängigkeit von Vektoren:

(A) Der Nullvektor $\mathfrak{o}$ ist linear abhängig.

(B) Sind $\mathfrak{v}_1, \mathfrak{v}_2, \ldots, \mathfrak{v}_p$ linear abhängig, so auch $\mathfrak{v}_1, \mathfrak{v}_2, \ldots, \mathfrak{v}_p, \ldots, \mathfrak{v}_q$ für $q \geqq p$.

(C) Ist $\mathfrak{v}$ eine Linearkombination der Vektoren $\mathfrak{v}_1, \ldots, \mathfrak{v}_p$, so sind $\mathfrak{v}, \mathfrak{v}_1, \ldots, \mathfrak{v}_p$ linear abhängig.

(D) Sind p Vektoren $(p > 1)$ linear abhängig, so ist wenigstens einer der Vektoren Linearkombination der übrigen.

(E) Sind die Vektoren $\mathfrak{v}_1, \ldots, \mathfrak{v}_p$ linear unabhängig, aber $\mathfrak{v}_1, \ldots, \mathfrak{v}_p, \mathfrak{v}_{p+1}$ linear abhängig, so ist $\mathfrak{v}_{p+1}$ Linearkombination von $\mathfrak{v}_1, \ldots, \mathfrak{v}_p$.

Beweise: (A) folgt aus $1 \cdot \mathfrak{o} = \mathfrak{o}$.

Zu (B): Sind $\mathfrak{v}_1, \ldots, \mathfrak{v}_p$ linear abhängig, so gibt es $a_1, \ldots, a_p$ nicht alle Null mit $\sum_{i=1}^{p} a_i \mathfrak{v}_i = \mathfrak{o}$. Dann ist auch $a_1 \mathfrak{v}_1 + \ldots + a_p \mathfrak{v}_p + 0 \cdot \mathfrak{v}_{p+1} + \ldots + 0 \cdot \mathfrak{v}_q = \mathfrak{o}$, ohne daß alle Koeffizienten Null sind. Also gilt (B).

Zu (C): Aus $\mathfrak{v} = \sum_{i=1}^{p} a_i \mathfrak{v}_i$ folgt $a_1 \mathfrak{v}_1 + \ldots + a_p \mathfrak{v}_p - 1 \cdot \mathfrak{v} = \mathfrak{o}$. Wenigstens der letzte Koeffizient ist von Null verschieden.

Zu (D): Es gibt $a_1, \ldots, a_p$ nicht alle Null mit $a_1 \mathfrak{v}_1 + \ldots + a_p \mathfrak{v}_p = \mathfrak{o}$. O.B.d.A. sei $a_i \neq 0$; dann ist

$$\mathfrak{v}_i = -\frac{a_1}{a_i}\mathfrak{v}_1 - \frac{a_2}{a_i}\mathfrak{v}_2 - \ldots - \frac{a_{i-1}}{a_i}\mathfrak{v}_{i-1} - \frac{a_{i+1}}{a_i}\mathfrak{v}_{i+1} - \ldots - \frac{a_p}{a_i}\mathfrak{v}_p .$$

Zu (E): Wegen der linearen Abhängigkeit von $\mathfrak{a}_1, \dots, \mathfrak{a}_{p+1}$ existieren $a_1, \dots, a_{p+1}$ nicht alle Null mit $\sum_{i=1}^{p+1} a_i \mathfrak{a}_i = \mathfrak{o}$. Es ist $a_{p+1} \neq 0$, da sonst die Vektoren $\mathfrak{a}_1, \dots, \mathfrak{a}_p$ linear abhängig wären. Daher gilt $\mathfrak{a}_{p+1} = -\sum_{i=1}^{p} \frac{a_i}{a_{p+1}} \mathfrak{a}_i$.

2. Dimension und Basis

Definition: Sei V ein Vektorraum. Gibt es eine maximale Zahl n von linear unabhängigen Vektoren in V, so heißt n die Dimension von V, geschrieben dim V. Gibt es keine Maximalzahl linear unabhängiger Vektoren, so heißt V unendlichdimensional, geschrieben dim V = ∞.

Beispiele:

1) $\mathbb{R}^2$ ist ein zweidimensionaler Vektorraum. Beweis: (1,0) und (0,1) sind linear unabhängig, also gilt dim $\mathbb{R}^2 \geqq 2$. Andererseits sind je drei Vektoren $\mathfrak{a} = (a_1, a_2)$, $\mathfrak{b} = (b_1, b_2)$ und $\mathfrak{c} = (c_1, c_2)$ linear abhängig, denn es gilt $(b_1c_2 - b_2c_1)\mathfrak{a} + (c_1a_2 - c_2a_1)\mathfrak{b} + (a_1b_2 - a_2b_1)\mathfrak{c} = \mathfrak{o}$. Ist in dieser Gleichung beispielsweise $b_1c_2 - b_2c_1 = 0$, so sind schon $\mathfrak{b}$ und $\mathfrak{c}$ linear abhängig; es ist dann $c_1(b_1, b_2) - b_1(c_1, c_2) = \mathfrak{o}$ und $c_2(b_1, b_2) - b_2(c_1, c_2) = \mathfrak{o}$. Sind b_1 und b_2 beide Null. so ist schon $\mathfrak{b}$ allein linear abhängig.

2) Die Dimension des Vektorraumes K^n ist n, wie wir noch zeigen werden.

3) Der Vektorraum der reellen Funktionen (§ 3 (G)) ist unendlichdimensional, denn für jede natürliche Zahl n sind die Polynome f_i mit $f_o(x) = 1$, $f_1(x) = x$, ..., $f_n(x) = x^n$ linear unabhängig: Aus $\sum_{i=0}^{n} a_i f_i = 0$ (Nullfunktion) folgt ja $\sum_{i=0}^{n} a_i x^i = 0$. Da aber ein vom Nullpolynom verschiedenes Polynom höchstens n Nullstellen hat, folgt $a_o = a_1 = \dots = a_n = 0$.

Definition: Ist V ein Vektorraum der Dimension n , so heißen je n linear unabhängige Vektoren aus V eine Basis von V .

Satz 1. Ist V ein Vektorraum der Dimension n und bilden $\mathfrak{a}_1, \mathfrak{a}_2, \ldots, \mathfrak{a}_n$ eine Basis von V , so läßt sich jeder Vektor aus V auf genau eine Weise als Linearkombination der Vektoren $\mathfrak{a}_1, \ldots, \mathfrak{a}_n$ darstellen.

Beweis: Sei $\mathfrak{x}$ ein Vektor aus V . Die Vektoren $\mathfrak{a}_1, \ldots, \mathfrak{a}_n, \mathfrak{x}$ sind linear abhängig. Nach (E) ist dann $\mathfrak{x}$ als Linearkombination von $\mathfrak{a}_1, \ldots, \mathfrak{a}_n$ darstellbar. Die Darstellung ist eindeutig, denn aus $\mathfrak{x} = \sum a_i \mathfrak{a}_i$ und $\mathfrak{x} = \sum b_i \mathfrak{a}_i$ folgt $\mathfrak{o} = \sum (a_i - b_i) \mathfrak{a}_i$, also nach (∗) $a_i - b_i = 0$, also $a_i = b_i$ für alle i .

3. Teilräume

Definition: Sei (V,K,α) ein Vektorraum und T eine nichtleere Teilmenge von V . Dann heißt (T,K,α) (kurz: T) ein Teilraum von V , wenn gilt:

T1 Aus $\mathfrak{x}, \mathfrak{y} \in T$ folgt $\mathfrak{x} + \mathfrak{y} \in T$.

T2 Aus $\lambda \in K$ und $\mathfrak{x} \in T$ folgt $\lambda \mathfrak{x} \in T$.

Die Eigenschaften T1 und T2 für einen Teilraum lassen sich zu einer Eigenschaft zusammenziehen:

(F) Ist V ein Vektorraum, so ist eine nichtleere Teilmenge T von V genau dann ein Teilraum, wenn gilt:

(∗∗) Aus $\mathfrak{x}, \mathfrak{y} \in T$ und $\lambda, \mu \in K$ folgt $\lambda \mathfrak{x} + \mu \mathfrak{y} \in T$.

Beweis: Ist T ein Teilraum und sind $\mathfrak{x}, \mathfrak{y} \in T$, so sind wegen T2 auch $\lambda \mathfrak{x}, \mu \mathfrak{y} \in T$ und mit T1 folgt (∗∗). Gilt umgekehrt (∗∗), so folgt aus $\lambda \mathfrak{x} + 0 \cdot \mathfrak{y} \in T$ unmittelbar T2; für $\lambda = \mu = 1$ wird aus (∗∗) T1; also ist T ein Teilraum.

Beispiele:

1) Im Vektorraum $\mathbb{R}^3$ sind Teilräume: a) der Nullvektor; b) die Mengen $\{\lambda \mathfrak{a} \mid \lambda \in \mathbb{R}\}$ für festes $\mathfrak{a} \neq \mathfrak{o}$ aus $\mathbb{R}^3$, d. h. die Geraden durch den Nullpunkt; c) die Mengen $\{\lambda \mathfrak{a} + \mu \mathfrak{b} \mid \lambda, \mu \in \mathbb{R}\}$ für linear unabhängige Vektoren $\mathfrak{a}, \mathfrak{b} \in \mathbb{R}^3$; d. h. die Ebenen durch den Nullpunkt; d) $\mathbb{R}^3$ selbst.

2) $V = K^1 = K$. Jeden Körper kann man als Vektorraum über sich selbst auffassen. Es ist $\dim K = 1$. Teilräume sind nur $\{\mathfrak{o}\}$ und K selbst.

(G) Ein Teilraum T eines Vektorraumes V über K ist ein Vektorraum über K.

Beweis: Sei + die Addition in V, dann ist (T,+) eine abelsche Gruppe, denn + ist wegen T1 eine Verknüpfung; das Assoziativgesetz und das Kommutativgesetz gelten in T, weil sie sogar in ganz V gelten; es gibt einen Vektor $\mathfrak{a}$ in T und daher ist $\mathfrak{o} = 0 \cdot \mathfrak{a}$ nach T2 Element von T; schließlich enthält T wegen T2 mit jedem Vektor $\mathfrak{x}$ auch den Vektor $(-1)\mathfrak{x} = -\mathfrak{x}$. Die äußere Multiplikation führt wegen T2 nicht aus T heraus und V1 bis V4 gelten in V, also auch in T.

(H) Es seien T,T' Teilräume endlicher Dimension des Vektorraums V. Aus $\dim T = \dim T'$ und $T \subseteq T'$ folgt dann $T = T'$.

Beweis: Jede Basis von T ist wegen $\dim T = \dim T'$ und $T \subseteq T'$ schon eine Basis von T'. Jeder Vektor aus T' ist daher auch Element von T.

Aus der Definition ergibt sich unmittelbar die Aussage:

(I) Ist T ein Teilraum des Vektorraumes V, so ist $\dim T \leqq \dim V$.

4. Von Vektoren erzeugte Teilräume

(K) Sind $\mathfrak{v}_1, \mathfrak{v}_2, \ldots, \mathfrak{v}_p$ Elemente eines Vektorraumes V , so ist $T = \{a_1\mathfrak{v}_1 + a_2\mathfrak{v}_2 + \ldots + a_p\mathfrak{v}_p \mid a_1, a_2, \ldots, a_p \in K\}$ ein Teilraum von V .

Beweis: T ist nicht leer. Mit $\mathfrak{x} = x_1\mathfrak{v}_1 + \ldots + x_p\mathfrak{v}_p$ und $\mathfrak{y} = y_1\mathfrak{v}_1 + \ldots + y_p\mathfrak{v}_p$ ist $\mathfrak{x} + \mathfrak{y} = (x_1 + y_1)\mathfrak{v}_1 + \ldots + (x_p + y_p)\mathfrak{v}_p \in T$ und ebenso mit $\mathfrak{x}$ auch $\lambda\mathfrak{x} = (\lambda x_1)\mathfrak{v}_1 + \ldots + (\lambda x_p)\mathfrak{v}_p$ für alle $\lambda \in K$.

T heißt der von $\mathfrak{v}_1, \mathfrak{v}_2, \ldots, \mathfrak{v}_n$ <u>erzeugte</u> oder <u>aufgespannte Teilraum</u>. Wir bezeichnen ihn mit $\langle\mathfrak{v}_1, \ldots, \mathfrak{v}_n\rangle$. $\mathfrak{v}_1, \ldots, \mathfrak{v}_n$ heißt ein <u>Erzeugendensystem</u>, insbesondere ein <u>unabhängiges Erzeugendensystem</u>, wenn $\mathfrak{v}_1, \ldots, \mathfrak{v}_n$ linear unabhängig sind. In diesem Fall bezeichen wir den erzeugten Teilraum mit

$$T = \langle\langle\mathfrak{v}_1, \ldots, \mathfrak{v}_n\rangle\rangle \quad .$$

<u>Satz 2.</u> (Austauschsatz) Es seien $\mathfrak{t}_1, \ldots, \mathfrak{t}_s$ linear unabhängige Vektoren des Vektorraumes $V = \langle\langle\mathfrak{v}_1, \ldots, \mathfrak{v}_n\rangle\rangle$. Dann lassen sich aus den Vektoren $\mathfrak{v}_1, \ldots, \mathfrak{v}_n$ Vektoren $\mathfrak{v}'_1, \ldots, \mathfrak{v}'_m$ so auswählen, daß gilt:

$$V = \langle\langle\mathfrak{t}_1, \ldots, \mathfrak{t}_s, \mathfrak{v}'_1, \ldots, \mathfrak{v}'_m\rangle\rangle \quad .$$

Nach Satz 2 lassen sich linear unabhängige Vektoren aus V durch Hinzunahme von Elementen eines unabhängigen Erzeugendensystems zu einem unabhängigen Erzeugendensystem von V ergänzen.

Beweis von Satz 2: Wir betrachten alle Teilmengen von $M = \{\mathfrak{t}_1, \ldots, \mathfrak{t}_s, \mathfrak{v}_1, \ldots, \mathfrak{v}_n\}$, die $M_1 = \{\mathfrak{t}_1, \ldots, \mathfrak{t}_s\}$ umfassen und V erzeugen. Mindestens M selbst hat diese Eigenschaften. Wir wählen eine Teilmenge mit einer minimalen Anzahl von Vektoren aus : $M_2 = \{\mathfrak{t}_1, \ldots, \mathfrak{t}_s, \mathfrak{v}'_1, \ldots, \mathfrak{v}'_m\}$. Es gilt also $V = \langle\mathfrak{t}_1, \ldots, \mathfrak{t}_s, \mathfrak{v}'_1, \ldots, \mathfrak{v}'_m\rangle$.

Wären die Vektoren aus M linear abhängig, so gäbe es $c_j, a_i \in K$, nicht alle Null, so daß

$$\sum c_j \mathfrak{t}_j + \sum a_i \mathfrak{v}_i' = \mathfrak{o}$$

wäre. Hierin können nicht alle a_i gleich Null sein, sonst wären ja die Vektoren $\mathfrak{t}_j$ linear abhängig. Daher ist einer der Vektoren $\mathfrak{v}_i'$ nach (D) als Linearkombination der übrigen darstellbar. Die übrigen Vektoren würden dann auch schon V aufspannen im Widerspruch dazu, daß die Anzahl s+m minimal gewählt war. M besteht also aus linear unabhängigen Vektoren. Damit gilt $V = \langle\langle \mathfrak{t}_1, \dots, \mathfrak{t}_s, \mathfrak{v}_1', \dots, \mathfrak{v}_m' \rangle\rangle$, wie behauptet.

<u>Satz 3.</u> Genau dann hat ein Vektorraum V die Dimension n, wenn V ein unabhängiges Erzeugendensystem mit genau n Elementen hat.

Die Aussage von Satz 3 läßt sich formal so ausdrücken:

$$\dim V = n \quad \Leftrightarrow \quad \exists\ \mathfrak{v}_1, \dots, \mathfrak{v}_n \in V \text{ mit } V = \langle\langle \mathfrak{v}_1, \dots, \mathfrak{v}_n \rangle\rangle .$$

Beweis von Satz 3: A) Es sei $\dim V = n$. Dann gibt es n linear unabhängige Vektoren $\mathfrak{v}_1, \dots, \mathfrak{v}_n$ in V. Diese erzeugen nach Satz 1 den Vektorraum V, also ist $V = \langle\langle \mathfrak{v}_1, \dots, \mathfrak{v}_n \rangle\rangle$.

B) Sei $V = \langle\langle \mathfrak{v}_1, \dots, \mathfrak{v}_n \rangle\rangle$. Dann ist nach Definition $\dim V = m \geqq n$. Wegen $\dim V = m$ gibt es m linear unabhängige Vektoren $\mathfrak{b}_1, \dots, \mathfrak{b}_m$ in V. Diese können wir nach Satz 2 zu einem unabhängigen Erzeugendensystem $\mathfrak{b}_1, \dots, \mathfrak{b}_r$ von V ergänzen. Es ist $r \geqq m \geqq n$. Die Behauptung, daß $m = n$ ist, folgt damit aus:

(i) Aus $\langle\langle \mathfrak{v}_1, \dots, \mathfrak{v}_n \rangle\rangle = \langle\langle \mathfrak{b}_1, \dots, \mathfrak{b}_r \rangle\rangle$ folgt $n = r$.

Sei p die kleinste Zahl, für die es ein Erzeugendensystem von $\langle\langle \mathfrak{v}_1, \dots, \mathfrak{v}_n \rangle\rangle = V$ mit p Elementen gibt, und sei $\mathfrak{t}_1, \dots, \mathfrak{t}_p$ ein solches Erzeugendensystem. Offenbar sind $\mathfrak{t}_1, \dots, \mathfrak{t}_p$ linear unabhängig. Dann ist $p \leqq n$. Zu $\mathfrak{v}_1$ gibt es nach Satz 2

Vektoren aus $\{\mathfrak{t}_1,\ldots,\mathfrak{t}_p\}$ mit $V = \langle\langle \mathfrak{v}_1, \mathfrak{t}_1',\ldots,\mathfrak{t}_k' \rangle\rangle$. Dabei ist $k < p$, weil sonst $\mathfrak{v}_1$ eine Linearkombination der $\mathfrak{t}_1,\ldots,\mathfrak{t}_p$ wäre. Andererseits ist $k \geqq p-1$, weil man sonst ein Erzeugendensystem von V aus weniger als p Elementen von V hätte. Nach Umnummerierung der $\mathfrak{t}_j$ ist dann

$$V = \langle\langle \mathfrak{v}_1, \mathfrak{t}_1,\ldots,\mathfrak{t}_{p-1} \rangle\rangle .$$

Wir setzen dies Verfahren fort: Zu $\mathfrak{v}_1$, $\mathfrak{v}_2$ gibt es nach Satz 2 und nach Umnummerieren der $\mathfrak{t}_j$ Vektoren aus $\{\mathfrak{v}_1, \mathfrak{t}_1,\ldots,\mathfrak{t}_{p-1}\}$ mit

$$V = \langle\langle \mathfrak{v}_1, \mathfrak{v}_2, \mathfrak{t}_1,\ldots,\mathfrak{t}_{p-2} \rangle\rangle ,$$

denn $\mathfrak{v}_1$ kann nicht mehrfach in einem unabhängigen Erzeugendensystem auftreten. Nach p Schritten liefert das Verfahren

$$V = \langle\langle \mathfrak{v}_1,\ldots,\mathfrak{v}_p \rangle\rangle ,$$

denn nach p Schritten sind alle p Vektoren $\mathfrak{t}_1,\ldots,\mathfrak{t}_p$ ersetzt durch einen Vektor aus der Menge $\{\mathfrak{v}_1,\ldots,\mathfrak{v}_n\}$. Aus $\langle\langle \mathfrak{v}_1,\ldots,\mathfrak{v}_n \rangle\rangle = V = \langle\langle \mathfrak{v}_1,\ldots,\mathfrak{v}_p \rangle\rangle$ folgt sofort $n = p$.

Hiermit ist gesagt, daß ein beliebiges unabhängiges Erzeugendensystem von V genau so viele Elemente hat wie ein unabhängiges Erzeugendensystem mit einer minimalen Anzahl von Elementen. Hieraus folgt sofort (i), und damit ist Satz 3 vollständig bewiesen.

<u>Folgerung</u>: Der Vektorraum K^n hat die Dimension n. Denn die Vektoren $\mathfrak{n}_1 = (1,0,\ldots,0)$, $\mathfrak{n}_2 = (0,1,0,\ldots,0)$, ..., $\mathfrak{n}_n = (0,\ldots,0,1)$ bilden ein Erzeugendensystem aus linear unabhängigen Elementen.

5. Summe und Produkt von Teilräumen

(L) Seien U,W Teilräume von V. Dann ist auch $U \cap W$ ein Teilraum.

Beweis: $U \cap W$ enthält wenigstens den Nullvektor, und man sieht unmittelbar, daß T1 und T2 erfüllt sind.

Definition: Seien U,W Teilräume des Vektorraumes V. Wir setzen

$$U + W = \{ \mathfrak{u} + \mathfrak{w} \mid \mathfrak{u} \in U \text{ und } \mathfrak{w} \in W \} .$$

$U + W$ heißt die <u>Summe von U und W</u>. Ist $U \cap W = \{\mathfrak{o}\}$, so heißt $U + W$ die <u>direkte Summe</u> von U und W und wird mit $U \oplus W$ bezeichnet.

Man sieht unmittelbar:

(M) $U + W$ ist ein Teilraum.

Ferner gilt:

(N) Jedes Element $\mathfrak{v}$ aus $U \oplus W$ besitzt eine eindeutige Darstellung $\mathfrak{v} = \mathfrak{u} + \mathfrak{w}$ mit $\mathfrak{u} \in U$ und $\mathfrak{w} \in W$.

Beweis: Aus $\mathfrak{v} = \mathfrak{u} + \mathfrak{w} = \mathfrak{u}' + \mathfrak{w}'$ folgt $\mathfrak{u} - \mathfrak{u}' = \mathfrak{w} - \mathfrak{w}'$. Dieser Vektor liegt also in U und in W und muß daher der Nullvektor sein. Aus $\mathfrak{u} - \mathfrak{u}' = \mathfrak{o}$ und $\mathfrak{w} - \mathfrak{w}' = \mathfrak{o}$ folgt $\mathfrak{u} = \mathfrak{u}'$ und $\mathfrak{w} = \mathfrak{w}'$.

<u>Satz 4.</u> Sind U,W Teilräume des Vektorraumes V, so ist

$$\boxed{\dim U + \dim W = \dim (U + W) + \dim (U \cap W)} .$$

Beweis: Sei $\dim U = n$ und $\dim W = m$ und $\dim (U \cap W) = s$. Ist n oder m gleich Null, so überlegt man sich die Behauptung leicht direkt. Also dürfen wir $n, m \neq 0$ voraussetzen. Sei auch $s \neq 0$ (für $s = 0$ sind die nachstehenden Schlüsse in evidenter Weise zu modifizieren). Dann gibt es nach Satz 3 Vektoren $\mathfrak{u}_1, \ldots, \mathfrak{u}_n$ und $\mathfrak{w}_1, \ldots, \mathfrak{w}_m$ und $\mathfrak{t}_1, \ldots, \mathfrak{t}_s$ mit $U = \langle\langle \mathfrak{u}_1, \ldots, \mathfrak{u}_n \rangle\rangle$ und $W = \langle\langle \mathfrak{w}_1, \ldots, \mathfrak{w}_m \rangle\rangle$ und $U \cap W = \langle\langle \mathfrak{t}_1, \ldots, \mathfrak{t}_s \rangle\rangle$. Nach Satz 2 dürfen wir annehmen, daß $\mathfrak{u}_i = \mathfrak{t}_i = \mathfrak{w}_i$ für $i = 1, \ldots, s$ gilt.

Wir behaupten zunächst:

(i) $$U + W = \langle \mathfrak{u}_1, \ldots, \mathfrak{u}_n, \mathfrak{w}_{s+1}, \ldots, \mathfrak{w}_m \rangle \quad .$$

Aus $\mathfrak{x} \in U + W$ folgt $\mathfrak{x} = \mathfrak{u} + \mathfrak{w}$ mit $\mathfrak{u} \in U$ und $\mathfrak{w} \in W$, also gibt es $u_1, \ldots, u_n$ und $w_1, \ldots, w_m$ aus K mit $\mathfrak{u} = \sum_{i=1}^{n} u_i \mathfrak{u}_i$ und $\mathfrak{w} = \sum_{i=1}^{m} w_i \mathfrak{w}_i$. Mithin ist $\mathfrak{x} = \sum_{i=1}^{s} (u_i + w_i) \mathfrak{u}_i + \sum_{i=s+1}^{n} u_i \mathfrak{u}_i + \sum_{i=s+1}^{m} w_i \mathfrak{w}_i \in \langle \mathfrak{u}_1, \ldots, \mathfrak{u}_n, \mathfrak{w}_{s+1}, \ldots, \mathfrak{w}_m \rangle$. Also gilt $U + W \subset \langle \mathfrak{u}_1, \ldots, \mathfrak{u}_n, \mathfrak{w}_{s+1}, \ldots, \mathfrak{w}_m \rangle$ und damit (i).

Weiter zeigen wir:

(ii) $$\mathfrak{u}_1, \ldots, \mathfrak{u}_n, \mathfrak{w}_{s+1}, \ldots, \mathfrak{w}_m \text{ sind linear unabhängig.}$$

Aus $\sum_{i=1}^{n} u_i \mathfrak{u}_i + \sum_{i=s+1}^{m} w_i \mathfrak{w}_i = \mathfrak{o}$ folgt $\sum_{i=1}^{n} u_i \mathfrak{u}_i = \sum_{i=s+1}^{m} (-w_i) \mathfrak{w}_i$. Der Vektor auf der linken Seite ist Element von U, also auch der Vektor auf der rechten Seite. Da $\mathfrak{w}_{s+1}, \ldots, \mathfrak{w}_m \notin U$, muß $\sum_{i=s+1}^{m} (-w_i) \mathfrak{w}_i = \mathfrak{o}$ gelten. Aus der linearen Unabhängigkeit der Vektoren $\mathfrak{w}_{s+1}, \ldots, \mathfrak{w}_m$ folgt dann $w_{s+1} = \ldots = w_m = 0$, und wegen $\sum_{i=1}^{n} u_i \mathfrak{u}_i = \mathfrak{o}$ aus der linearen Unabhängigkeit der Vektoren $\mathfrak{u}_1, \ldots, \mathfrak{u}_n$ dann $u_1 = \ldots = u_n = 0$. Mithin gilt (ii).

Aus (i) und (ii) ergibt sich $U + W = \langle\langle \mathfrak{u}_1, \ldots, \mathfrak{u}_n, \mathfrak{w}_{s+1}, \ldots, \mathfrak{w}_m \rangle\rangle$ und damit $\dim (U + W) = n + (m - s) = \dim U + \dim W - \dim U \cap W$. Hieraus folgt Satz 4.

Satz 4 gilt auch für nicht endliche Dimension, wenn man wie üblich für das Symbol ∞ festsetzt:

$$\infty + \infty = \infty$$

$$a \cdot \infty + b = \infty \qquad (a \neq 0) \quad .$$

Beispiele:

1) Es sei V ein zweidimensionaler Vektorraum über einem Körper K , z. B. die Menge der Vektoren der euklidischen Ebene, und $U = \{\lambda \mathfrak{a} \mid \lambda \in K\}$, $\mathfrak{a} \neq \mathfrak{o}$, und $W = \{\mu \mathfrak{b} \mid \mu \in K\}$, $\mathfrak{b} \neq \mathfrak{o}$. Dann ist $U + W = V$, wenn die Vektoren $\mathfrak{a}$, $\mathfrak{b}$ linear unabhängig sind. Offenbar ist die Summe sogar direkt, und wir können schreiben $U \oplus W = V$. Sind aber $\mathfrak{a}$, $\mathfrak{b}$ linear abhängig, so gilt $U + W = U = W$.

2) Im Vektorraum K^3 (speziell im $\mathbb{R}^3$) seien U und W die beiden "Ebenen" $U = \langle\langle(1,0,0),(0,1,0)\rangle\rangle$ bzw. $W = \langle\langle(1,1,0),(0,0,1)\rangle\rangle$. Es ist $U + W = K^3$, aber K^3 ist nicht direkte Summe der Unterräume U und W .

6. Faktorräume

Neben der Summenbildung von Teilräumen spielt die Quotientenbildung von Vektorräumen nach Teilräumen eine wesentliche Rolle. Wir betrachten für einen Teilraum T eines Vektorraumes V die Mengen

$$\mathfrak{a} + T = \{ \mathfrak{a} + \mathfrak{t} \mid \mathfrak{t} \in T \} \quad .$$

Jede Menge $\mathfrak{a} + T$ für einen Teilraum T heißt eine <u>Restklasse</u> nach dem Teilraum T . Speziell ist T selbst eine Restklasse nach T .

(0) Genau dann ist $\mathfrak{a} + T = \mathfrak{b} + T$, wenn $\mathfrak{a} - \mathfrak{b} \in T$.

Es gilt: $\mathfrak{a} - \mathfrak{b} \in T \curvearrowright - \mathfrak{b} + \mathfrak{a} \in T \curvearrowright - \mathfrak{b} + \mathfrak{a} + T = T$
$\curvearrowright \mathfrak{a} + T = \mathfrak{b} + T$.

Offenbar ist die Relation R zwischen den Vektoren aus V mit

$$(o) \qquad \mathfrak{a} \, R \, \mathfrak{b} \iff \mathfrak{a} - \mathfrak{b} \in T$$

eine Äquivalenzrelation. Die Klassen dieser Äquivalenzrelation sind die Restklassen nach T : $K_{\mathfrak{a}} = \{ \mathfrak{x} \mid \mathfrak{x} \, R \, \mathfrak{a} \} = \{ \mathfrak{x} \mid \mathfrak{x} - \mathfrak{a} \in T\}$ $= \{ \mathfrak{x} = \mathfrak{a} + \mathfrak{t} \mid \mathfrak{t} \in T\} = \mathfrak{a} + T$. Wir formulieren daher:

(P) Die Restklassen eines Vektorraumes nach einem Teilraum T sind die Klassen der Äquivalenzrelation (o).

Sei F die Menge der Restklassen nach dem Teilraum T . Wir wollen zeigen, daß F ein Vektorraum bei geeigneter Definition der Verknüpfungen wird. Durch

$$(\ast\ast\ast) \qquad \begin{aligned} (\mathfrak{a} + T) \dotplus (\mathfrak{b} + T) &= (\mathfrak{a} + \mathfrak{b}) + T \qquad \forall \, \mathfrak{a}, \mathfrak{b} \text{ aus } V \\ \lambda \cdot (\mathfrak{a} + T) &= \lambda \mathfrak{a} + T \qquad \forall \, \lambda \in K \, ; \forall \, \mathfrak{a} \in V \end{aligned}$$

wird eine Addition in F und eine Multiplikation von Elementen aus K mit Elementen aus F definiert, denn die Summe $(\mathfrak{a} + T) \dotplus (\mathfrak{b} + T)$ hängt nicht von der Wahl der Repräsentanten $\mathfrak{a}$ und $\mathfrak{b}$ ab: Aus $\mathfrak{a} + T = \mathfrak{a}' + T$ und $\mathfrak{b} + T = \mathfrak{b}' + T$ folgt nach (O) $\mathfrak{a} - \mathfrak{a}'$, $\mathfrak{b} - \mathfrak{b}' \in T$, also auch $(\mathfrak{a} - \mathfrak{a}') + (\mathfrak{b} - \mathfrak{b}') \in T$ und auch $(\mathfrak{a} + \mathfrak{b}) - (\mathfrak{a}' + \mathfrak{b}') \in T$, also nach (O) $(\mathfrak{a} + \mathfrak{b}) + T$ $= (\mathfrak{a}' + \mathfrak{b}') + T$. Ebenso hängt das Produkt $\lambda \cdot (\mathfrak{a} + T)$ nicht von der Wahl des Repräsentanten $\mathfrak{a}$ ab: Aus $\mathfrak{a} + T = \mathfrak{a}' + T$ folgt nach (O) $\mathfrak{a} - \mathfrak{a}' \in T$, also $\lambda(\mathfrak{a} - \mathfrak{a}') \in T$ und damit $\lambda \mathfrak{a} - \lambda \mathfrak{a}' \in T$, was nach (O) $\lambda \mathfrak{a} + T = \lambda \mathfrak{a}' + T$ zur Folge hat. Wir zeigen nun:

(Q) $(F, \dotplus)$ ist eine abelsche Gruppe.

Beweis: Das Assoziativgesetz folgt unmittelbar aus der Definition:
$((\mathfrak{a} + T) \dotplus (\mathfrak{b} + T)) \dotplus (\mathfrak{c} + T) = ((\mathfrak{a} + \mathfrak{b}) + \mathfrak{c}) + T =$
$(\mathfrak{a} + (\mathfrak{b} + \mathfrak{c})) + T = (\mathfrak{a} + T) \dotplus ((\mathfrak{b} + T) \dotplus (\mathfrak{c} + T))$.

Das neutrale Element ist die Restklasse T , und zu der Restklasse $\mathfrak{a} + T$ ist offenbar die Restklasse $-\mathfrak{a} + T$ invers. Außerdem gilt das Kommutativgesetz wegen $(\mathfrak{a} + T) \dot{+} (\mathfrak{b} + T) = (\mathfrak{a} + \mathfrak{b}) + T = (\mathfrak{b} + \mathfrak{a}) + T = (\mathfrak{b} + T) \dot{+} (\mathfrak{a} + T)$. Mithin ist (Q) bewiesen.

Weiter gilt:

(R) (F,K,·) ist ein Vektorraum.

Beweis: Die Vektorraumeigenschaften V1 bis V4 folgen unmittelbar aus der Definition der Verknüpfungen (**) . Z. B. gilt V1:
$(\lambda + \mu)\cdot(\mathfrak{a} + T) = (\lambda + \mu)\mathfrak{a} + T = (\lambda\mathfrak{a} + \mu\mathfrak{a}) + T = (\lambda\mathfrak{a} + T) \dot{+} (\mu\mathfrak{a} + T) = \lambda\cdot(\mathfrak{a} + T) + \mu\cdot(\mathfrak{a} + T)$.

Definition: Der Vektorraum der Restklassen eines Vektorraumes V nach einem Teilraum T heißt ein <u>Faktorraum</u> und wird mit $^V/T$ bezeichnet.

Ist speziell $T = \{\mathfrak{o}\}$, so ist der Faktorraum $^V/T$ offenbar zu V isomorph (vgl. § 5, 5.), und ist speziell T = V , so besteht der Faktorraum $^V/T$ nur aus dem Nullelement.

Für die Dimension des Faktorraumes läßt sich folgende "logarithmische" Formel aufstellen:

<u>Satz 5</u>: Ist V ein Vektorraum endlicher Dimension und T ein Teilraum, so gilt

$$\boxed{\dim {^V/T} = \dim V - \dim T} .$$

Beweis: Da V von endlicher Dimension ist, ist auch T von endlicher Dimension. Ist $T = \{\mathfrak{o}\}$, so ist die Behauptung trivial. Sei also $T \neq \{\mathfrak{o}\}$ und $\mathfrak{a}_1, \ldots, \mathfrak{a}_r$ eine Basis von T. Dann läßt diese sich nach Satz 2 zu einer Basis $\mathfrak{a}_1, \ldots, \mathfrak{a}_n$ mit $n \geqq r$ von V fortsetzen. Wir behaupten

(i) $\mathfrak{a}_{r+1} + T, \ldots, \mathfrak{a}_n + T$ erzeugen den Faktorraum $^V/T$.

Denn ist $\mathfrak{v} + T \in {}^{V}/T$, so gibt es $x_1, \ldots, x_n$ aus K mit

$\mathfrak{v} = \sum_{i=1}^{n} x_i \mathfrak{v}_i$. Dann ist $\mathfrak{v} + T = (\sum_{i=1}^{n} x_i \mathfrak{v}_i) + T =$

$(\sum_{i=r+1}^{n} x_i \mathfrak{v}_i) + T$ wegen $\mathfrak{v}_1, \ldots, \mathfrak{v}_r \in T$ und somit nach $(^{**}_{*})$

$\mathfrak{v} + T = \sum_{i=r+1}^{n} x_i(\mathfrak{v}_i + T)$, wie behauptet.

Weiter gilt

(ii) $\mathfrak{v}_{r+1} + T, \ldots, \mathfrak{v}_n + T$ sind linear unabhängig.

Denn aus $\sum_{i=r+1}^{n} a_i(\mathfrak{v}_i + T) = T$ folgt $(\sum_{i=r+1}^{n} a_i \mathfrak{v}_i) + T = T$, also

nach (0) dann $\sum_{i=r+1}^{n} a_i \mathfrak{v}_i \in T$, also $\sum_{i=r+1}^{n} a_i \mathfrak{v}_i = \mathfrak{o}$ und somit

wegen der linearen Unabhängigkeit der Vektoren $\mathfrak{v}_{r+1}, \ldots, \mathfrak{v}_n$ dann

$a_{r+1} = a_{r+2} = \ldots = a_n = 0$.

Aus (i) und (ii) folgt $\dim {}^{V}/T = n - r = \dim V - \dim T$, wie behauptet.

§ 5 Lineare Abbildungen

1. Definition

Wir wollen uns nun mit den Abbildungen von Vektorräumen beschäftigen.

Definition: Seien V,V' zwei Vektorraume uber dem gleichen Körper K. Dann heißt eine Abbildung σ von V in V' eine <u>lineare Abbildung</u> oder ein <u>Homomorphismus</u>, wenn gilt

<u>L1</u>. $\sigma(\mathfrak{x} + \mathfrak{y}) = \sigma(\mathfrak{x}) + \sigma(\mathfrak{y}) \qquad \forall\, \mathfrak{x}, \mathfrak{y} \in V$

<u>L2</u>. $\sigma(\lambda \mathfrak{x}) = \lambda\sigma(\mathfrak{x}) \qquad \forall\, \lambda \in K; \qquad \forall\, \mathfrak{x} \in V$.

Ist speziell $V = V'$, so heißt σ ein <u>Endomorphismus</u>.

Beispiele:

1) Sei V ein beliebiger Vektorraum über dem Körper K, und V' = V. Setzen wir für festes r aus K

$$\sigma(\mathfrak{x}) = r\mathfrak{x} \qquad \forall\, \mathfrak{x} \in V ,$$

so ist σ eine lineare Abbildung von V in sich. Speziell ist die Abbildung σ mit $\sigma(\mathfrak{x}) = \mathfrak{o}$ für alle $\mathfrak{x}$ aus V eine lineare Abbildung.

2) Sei V die Menge der Vektoren im euklidischen Raum und $V' = \mathbb{R}$. Für einen festen Vektor $\mathfrak{a}$ setzen wir

$$\sigma(\mathfrak{x}) = \mathfrak{a}\mathfrak{x} \qquad \forall\, \mathfrak{x} \in V .$$

Rechts steht dabei das Skalarprodukt. σ ist lineare Abbildung von V in $\mathbb{R}$.

3) V sei die Menge der Vektoren in der euklidischen Ebene, V' die Menge der Vektoren im Raum. Ist $\mathfrak{e}_1, \mathfrak{e}_2$ eine Orthonormalbasis in V und sind $\mathfrak{a}, \mathfrak{b}$ zwei beliebige Vektoren im Raum, so

ist σ mit

$$\sigma(\mathfrak{x}) = \sigma(x_1\mathfrak{a}_1 + x_2\mathfrak{a}_2) = x_1\mathfrak{a} + x_2\mathfrak{b} \qquad \forall\, \mathfrak{x} \in V$$

eine lineare Abbildung von V in V'.

4) Kein Beispiel ist für die Menge V der Vektoren in der euklidischen Ebene die Abbildung von V in sich mit

$$\sigma(\mathfrak{x}) = \mathfrak{x} + \mathfrak{a} \qquad \forall\, \mathfrak{x} \in V$$

für einen festen Vektor $\mathfrak{a} \neq \mathfrak{o}$ aus V .

2. Erste Eigenschaften der linearen Abbildung

Wir überlegen nun einige Aussagen für die lineare Abbildung. Zunächst lassen sich L1 und L2 zu einer Aussage zusammensetzen:

(A) Eine Abbildung σ eines Vektorraumes V in einen Vektorraum V' über dem gleichen Körper ist genau dann linear, wenn gilt

$$(*) \quad \sigma(\lambda\mathfrak{x} + \mu\mathfrak{y}) = \lambda\sigma(\mathfrak{x}) + \mu\sigma(\mathfrak{y}) \quad \forall\, \lambda,\mu \in K;\ \forall\, \mathfrak{x}, \mathfrak{y} \in V.$$

Beweis: A) Aus L1 und L2 folgt $(*)$: $\sigma(\lambda\mathfrak{x} + \mu\mathfrak{y}) \overset{L1}{=} \sigma(\lambda\mathfrak{x}) + \sigma(\mu\mathfrak{y}) \overset{L2}{=} \lambda\sigma(\mathfrak{x}) + \mu\sigma(\mathfrak{y})$.
B) Aus $(*)$ folgt L1 und L2 durch Spezialisieren.

(B) Eine lineare Abbildung σ eines Vektorraumes V in einen Vektorraum V' führt den Nullvektor von V in den Nullvektor von V' über.

Beweis: Aus $\lambda\sigma(\mathfrak{o}) = \sigma(\lambda\mathfrak{o}) = \sigma(\mathfrak{o})$ für alle $\lambda \in K$ folgt $\sigma(\mathfrak{o}) = \mathfrak{o}$.

(C) Ist σ eine lineare Abbildung eines Vektorraumes V in einen Vektorraum V', so gilt: Sind $\mathfrak{a}_1, \ldots, \mathfrak{a}_n$ linear abhängig, so auch $\sigma(\mathfrak{a}_1), \ldots, \sigma(\mathfrak{a}_n)$.

Beweis: Sind $\mathfrak{a}_1, \dots, \mathfrak{a}_n$ linear abhängig, so gibt es $a_1, \dots, a_n$, nicht alle Null aus K mit $\sum\limits_{i=1}^{n} a_i \mathfrak{a}_i = \mathfrak{o}$. Dann ist $\sum\limits_{i=1}^{n} a_i \sigma(\mathfrak{a}_i) = \sigma(\sum\limits_{i=1}^{n} a_i \mathfrak{a}_i) = \sigma(\mathfrak{o}) = \mathfrak{o}$ nach (B), also sind $\sigma(\mathfrak{a}_1), \dots, \sigma(\mathfrak{a}_n)$ linear abhängig.

Man beachte: Linear unabhängige Vektoren können bei einer linearen Abbildung in linear abhängige Vektoren übergehen. Z. B. wählen wir in Beispiel 2) von oben zwei linear unabhängige Vektoren $\mathfrak{x}_1, \mathfrak{x}_2$. Dann gilt entweder $\mathfrak{a}\mathfrak{x}_1 = 0$ und $\sigma(\mathfrak{x}_1) = \mathfrak{a}\mathfrak{x}_1$, $\sigma(\mathfrak{x}_2) = \mathfrak{a}\mathfrak{x}_2$ sind linear abhängig, oder es ist $\mathfrak{a}\mathfrak{x}_1 \neq 0$ und dann folgt die lineare Abhängigkeit von $\sigma(\mathfrak{x}_1)$, $\sigma(\mathfrak{x}_2)$ aus

$$\left(\frac{\mathfrak{a}\mathfrak{x}_2}{\mathfrak{a}\mathfrak{x}_1}\right)\sigma(\mathfrak{x}_1) + (-1)\sigma(\mathfrak{x}_2) = \left(\frac{\mathfrak{a}\mathfrak{x}_2}{\mathfrak{a}\mathfrak{x}_1}\right)\mathfrak{a}\mathfrak{x}_1 - \mathfrak{a}\mathfrak{x}_2 = 0 .$$

(D) Ist σ eine lineare Abbildung des Vektorraumes V in den Vektorraum V' und ist T ein Teilraum von V , so ist

$$\sigma(T) = \{\sigma(\mathfrak{x}) \mid \mathfrak{x} \in T\}$$

ein Teilraum von V'.

Beweis: Aus $\mathfrak{x}, \mathfrak{y} \in \sigma(T)$ und $\lambda, \mu \in K$ folgt $\mathfrak{x} = \sigma(\mathfrak{x}')$, $\mathfrak{y} = \sigma(\mathfrak{y}')$ mit $\mathfrak{x}', \mathfrak{y}' \in T \curvearrowright \lambda\mathfrak{x} + \mu\mathfrak{y} = \lambda\sigma(\mathfrak{x}') + \mu\sigma(\mathfrak{y}') = \sigma(\lambda\mathfrak{x}' + \mu\mathfrak{y}') \in \sigma(T)$ wegen $\lambda\mathfrak{x}' + \mu\mathfrak{y}' \in T$.

(E) Ist σ eine lineare Abbildung des Vektorraumes V in den Vektorraum V', so gilt für jeden Teilraum T von V :

$$\boxed{\dim \sigma(T) \leqq \dim T}$$

Dies folgt aus (B) und (C).

Über die Existenz von einer linearen Abbildung sagt aus der

Satz 1. Sei $V = \langle\langle \mathfrak{a}_1, \ldots, \mathfrak{a}_n \rangle\rangle$ ein Vektorraum über K und seien $\mathfrak{b}_1, \ldots, \mathfrak{b}_n$ Vektoren aus einem Vektorraum V' über K . Dann gibt es genau eine lineare Abbildung σ von V in V' mit $\sigma(\mathfrak{a}_i) = \mathfrak{b}_i$ für $i = 1,2,\ldots,n$.

Beweis: a) Existenz von σ : Definition von σ durch

$$\sigma(\mathfrak{x}) = \sum_{i=1}^{n} x_i \mathfrak{b}_i \text{ , wenn } \mathfrak{x} = \sum_{i=1}^{n} x_i \mathfrak{a}_i \in V .$$

Dann ist σ Abbildung: Jedem $\mathfrak{x}$ aus V wird genau ein $\sigma(\mathfrak{x})$ zugeordnet, denn die Basisdarstellung von $\mathfrak{x}$ ist eindeutig, also sind $x_1, \ldots, x_n$ eindeutig bestimmt. σ ist linear: Für $\mathfrak{x}$, $\mathfrak{y} \in V$ und $\lambda, \mu \in K$ gilt:

$$\mathfrak{x} = \sum_{i=1}^{n} x_i \mathfrak{a}_i \quad , \quad \mathfrak{y} = \sum_{i=1}^{n} y_i \mathfrak{a}_i$$

$$\sigma(\lambda \mathfrak{x} + \mu \mathfrak{y}) = \sigma(\sum_{i=1}^{n} (\lambda x_i + \mu y_i)\mathfrak{a}_i) = \sum_{i=1}^{n} (\lambda x_i + \mu y_i) \mathfrak{b}_i =$$

$$= \lambda(\sum_{i=1}^{n} x_i \mathfrak{b}_i) + \mu(\sum_{i=1}^{n} y_i \mathfrak{b}_i) = \lambda\sigma(\mathfrak{x}) + \mu\sigma(\mathfrak{y}) .$$

b) σ ist eindeutig bestimmt: Seien σ, σ' lineare Abbildungen von V in V' mit $\sigma(\mathfrak{a}_i) = \mathfrak{b}_i$ und $\sigma'(\mathfrak{a}_i) = \mathfrak{b}_i$ für $i = 1,2,\ldots,n$. Dann gilt:

$$\sigma(\mathfrak{x}) = \sigma(\sum_{i=1}^{n} x_i \mathfrak{a}_i) = \sum_{i=1}^{n} x_i \sigma(\mathfrak{a}_i) = \sum_{i=1}^{n} x_i \mathfrak{b}_i = \sum_{i=1}^{n} x_i \sigma'(\mathfrak{a}_i)$$

$$= \sigma'(\sum_{i=1}^{n} x_i \mathfrak{a}_i) = \sigma'(\mathfrak{x}) \qquad \forall \mathfrak{x} \in V, \text{ also } \sigma = \sigma' .$$

3. Kern und Bild einer linearen Abbildung

Definition: Ist σ eine lineare Abbildung des Vektorraumes V in einen Vektorraum V', so heißt die Menge

$$\operatorname{Ker} \sigma = \{ \mathfrak{x} \mid \mathfrak{x} \in V \text{ und } \sigma(\mathfrak{x}) = \mathfrak{o} \}$$

der Kern von σ , und die Menge

$$\operatorname{Bild} \sigma = \{ \sigma(\mathfrak{x}) \mid \mathfrak{x} \in V\} = \sigma(V)$$

das Bild von σ , bzw. der Bildraum. Die Zahl dim (Bild σ) heißt der Rang der linearen Abbildung σ , bezeichnet mit $\operatorname{Rg}(\sigma)$.

Daß Bild σ ein Teilraum ist, folgt aus

(F) Ist σ eine lineare Abbildung eines Vektorraumes V in einen Vektorraum V', so sind Ker σ und Bild σ Teilräume von V bzw. V'.

Beweis: Ker σ ist Teilraum: Aus $\mathfrak{x}, \mathfrak{y} \in \operatorname{Ker} \sigma$ und $\lambda, \mu \in K$ folgt $\sigma(\mathfrak{x}) = \mathfrak{o} = \sigma(\mathfrak{y})$, also $\sigma(\lambda \mathfrak{x} + \mu \mathfrak{y}) = \lambda\sigma(\mathfrak{x}) + \mu\sigma(\mathfrak{y}) = \mathfrak{o}$, also $\lambda \mathfrak{x} + \mu \mathfrak{y} \in \operatorname{Ker} \sigma$.

Daß Bild $\sigma = \sigma(V)$ Teilraum ist, folgt aus (D).

Satz 2. Ist σ eine lineare Abbildung des endlich dimensionalen Vektorraumes V in einen Vektorraum V', so gilt:

$$\boxed{\dim(\operatorname{Ker} \sigma) + \dim(\operatorname{Bild} \sigma) = \dim V} \quad .$$

Beweis: Sei $\dim V = n$. Dann ist Ker σ endlich dimensional, und es gilt $\dim(\operatorname{Ker} \sigma) = p \leqq n$. Nach §4, Satz 3 existieren Vektoren $\mathfrak{v}_1, \ldots, \mathfrak{v}_p$ mit

$$\operatorname{Ker} \sigma = \langle\!\langle \mathfrak{v}_1, \ldots, \mathfrak{v}_p \rangle\!\rangle \quad .$$

Es gilt dann $\sigma(\mathfrak{a}_1) = \ldots = \sigma(\mathfrak{a}_p) = \mathfrak{o}$. Ist $p = n$, so ist die Behauptung trivial. Ist $p \neq n$, so gibt es nach §4, Satz 2 Vektoren $\mathfrak{a}_{p+1},\ldots,\mathfrak{a}_n$ aus V mit

$$V = \langle\langle \mathfrak{a}_1,\ldots,\mathfrak{a}_p, \mathfrak{a}_{p+1},\ldots,\mathfrak{a}_n \rangle\rangle \quad .$$

Wir behaupten:

(i) $\qquad \text{Bild } \sigma = \langle \sigma(\mathfrak{a}_{p+1}),\ldots,\sigma(\mathfrak{a}_n) \rangle \quad .$

Denn sei $\mathfrak{y} \in \text{Bild } \sigma \curvearrowright \exists\, \mathfrak{x}$ aus V mit $\sigma(\mathfrak{x}) = \mathfrak{y}$. $\exists\, x_1,\ldots,x_n$ aus K mit $\mathfrak{x} = \sum_{i=1}^{n} x_i \mathfrak{a}_i \curvearrowright \mathfrak{y} = \sigma(\mathfrak{x}) = \sigma(\sum_{i=1}^{n} x_i \mathfrak{a}_i) =$

$= \sum_{i=1}^{n} x_i \sigma(\mathfrak{a}_i) = \sum_{i=p+1}^{n} x_i \sigma(\mathfrak{a}_i)$, wegen $\sigma(\mathfrak{a}_1) = \ldots = \sigma(\mathfrak{a}_p)$ $= \mathfrak{o}$.

(ii) $\quad \sigma(\mathfrak{a}_{p+1}),\ldots,\sigma(\mathfrak{a}_n)$ sind linear unabhängig.

Aus $\sum_{i=p+1}^{n} \lambda_i \sigma(\mathfrak{a}_i) = \mathfrak{o}$ folgt $\sum_{i=p+1}^{n} \sigma(\lambda_i \mathfrak{a}_i) = \mathfrak{o}$, also $\sigma(\sum_{i=p+1}^{n} \lambda_i \mathfrak{a}_i) = \mathfrak{o} \curvearrowright \sum_{i=p+1}^{n} \lambda_i \mathfrak{a}_i \in \text{Ker } \sigma \curvearrowright \sum_{i=p+1}^{n} \lambda_i \mathfrak{a}_i = \mathfrak{o}$ $\curvearrowright \lambda_{p+1} = \ldots = \lambda_n = 0$, da $\mathfrak{a}_{p+1},\ldots,\mathfrak{a}_n$ linear unabhängig sind.

Aus (i) und (ii) folgt $\text{Bild } \sigma = \langle\langle \sigma(\mathfrak{a}_{p+1}),\ldots,\sigma(\mathfrak{a}_n) \rangle\rangle$, also $\dim (\text{Bild } \sigma) = n - p = \dim V - \dim (\text{Ker } \sigma)$, also gilt Satz 2.

4. Injektive lineare Abbildungen

Eine injektive lineare Abbildung eines Vektorraumes V in einen Vektorraum V' wird häufig auch eine <u>reguläre</u> lineare Abbildung genannt. Wir verwenden beide Ausdrücke nebeneinander.

(G) Eine lineare Abbildung σ eines Vektorraumes V in einen Vektorraum V' ist genau dann regulär, wenn Ker $\sigma = \{\mathfrak{o}\}$ ist.

Beweis: A) Sei Ker $\sigma = \{\mathfrak{o}\}$. Dann hat $\sigma(\mathfrak{x}) = \sigma(\mathfrak{x}')$ zur Folge $\sigma(\mathfrak{x} - \mathfrak{x}') = \sigma(\mathfrak{x}) - \sigma(\mathfrak{x}') = \mathfrak{o}$, also $\mathfrak{x} - \mathfrak{x}' \in$ Ker σ und damit $\mathfrak{x} - \mathfrak{x}' = \mathfrak{o}$, also $\mathfrak{x} = \mathfrak{x}'$. Mithin ist σ injektiv, also regulär.

B) Sei σ regulär. Aus $\mathfrak{x} \in$ Ker σ folgt $\sigma(\mathfrak{x}) = \mathfrak{o} = \sigma(\mathfrak{o})$, also $\mathfrak{x} = \mathfrak{o}$, da σ injektiv ist. Mithin ist Ker $\sigma = \{\mathfrak{o}\}$.

(H) Eine lineare Abbildung σ eines n-dimensionalen Vektorraumes V in einen n-dimensionalen Vektorraum V' ist genau dann regulär, wenn σ surjektiv ist.

Beweis: A) Sei σ surjektiv. Dann ist Bild σ = V', also dim (Bild σ) = n, mithin wegen dim(Bild σ) + dim (Ker σ) = dim V = n nach Satz 2 dann dim (Ker σ) = 0, also Ker $\sigma = \{\mathfrak{o}\}$ und damit σ nach (G) regulär.

B) Sei σ regulär. Dann ist Ker $\sigma = \{\mathfrak{o}\}$ nach (G), also wegen dim (Ker σ) + dim (Bild σ) = dim V = n dann dim (Bild σ) = n = dim V = dim V'. Wegen Bild $\sigma \subset$ V' ist nach § 4, Satz 3 (Folgerung) dann Bild σ = V', also σ surjektiv.

Aussage (H) können wir kurz so formulieren: Ist σ eine lineare Abbildung von V in V' mit dim V = dim V' = n, so gilt

$$\boxed{\sigma \text{ injektiv} \Longleftrightarrow \sigma \text{ surjektiv}} \quad .$$

(I) Eine reguläre lineare Abbildung σ führt n linear unabhängige Vektoren in n linear unabhängige Vektoren über.

Beweis: Seien $\mathfrak{a}_1, \ldots, \mathfrak{a}_n$ linear unabhängige Vektoren. Wären $\sigma(\mathfrak{a}_1), \ldots, \sigma(\mathfrak{a}_n)$ linear abhängig, gäbe es Elemente $x_1, \ldots, x_n$ aus K, nicht alle Null, mit $\sum_{i=1}^{n} x_i \sigma(\mathfrak{a}_i) = \mathfrak{o}$. Dann wäre $\sigma(\sum_{i=1}^{n} x_i \mathfrak{a}_i) =$

$= \sum_{i=1}^{n} x_i \sigma(\mathfrak{v}_i) = \mathfrak{o}$, also $\sum_{i=1}^{n} x_i \mathfrak{v}_i \in \operatorname{Ker} \sigma$ und somit $\sum_{i=1}^{n} x_i \mathfrak{v}_i = \mathfrak{o}$ nach (G). Dies widerspricht der linearen Unabhängigkeit der Vektoren $\mathfrak{v}_1, \dots, \mathfrak{v}_n$. Also sind $\sigma(\mathfrak{v}_1), \dots, \sigma(\mathfrak{v}_n)$ linear unabhängig.

5. Bijektive lineare Abbildungen

Definition: Eine bijektive lineare Abbildung eines Vektorraumes V auf einen Vektorraum V' heißt ein Isomorphismus. Zwei Vektorräume V und V' heißen isomorph, wenn es einen Isomorphismus von V auf V' gibt. Bezeichnung: $V \cong V'$. Ein Isomorphismus eines Vektorraumes V auf sich heißt ein Automorphismus.

(J) Die Isomorphierelation zwischen Vektorräumen ist eine Äquivalenzrelation.

Beweis: Zur Reflexivität: Es ist $V \cong V$, da die identische Abbildung ein Isomorphismus ist.
Zur Symmetrie: Aus $V \cong V'$ folgt, daß es einen Isomorphismus σ von V auf V' gibt. Die inverse Abbildung σ^{-1} ist dann bijektiv und auch linear: $\sigma^{-1}(\mathfrak{x}' + \mathfrak{y}') = \sigma^{-1}(\sigma(\mathfrak{x}) + \sigma(\mathfrak{y})) = \sigma^{-1}(\sigma(\mathfrak{x} + \mathfrak{y})) = \mathfrak{x} + \mathfrak{y} = \sigma^{-1}(\mathfrak{x}') + \sigma^{-1}(\mathfrak{y}')$, wenn $\mathfrak{x}, \mathfrak{y}$ die Vektoren mit $\sigma(\mathfrak{x}) = \mathfrak{x}'$ und $\sigma(\mathfrak{y}) = \mathfrak{y}'$ sind. Entsprechend gilt $\sigma^{-1}(a\mathfrak{x}) = a\sigma^{-1}(\mathfrak{x})$. Also ist σ^{-1} ein Isomorphismus von V' auf V, also $V' \cong V$.
Zur Transitivität: Aus $V \cong V'$ und $V' \cong V''$ folgt die Existenz von Isomorphismen σ, τ von V auf V' bzw. von V' auf V" . Dann ist $\tau \circ \sigma$ (das Produkt der Abbildungen σ und τ) bijektiv und auch linear: $(\tau \circ \sigma)(\mathfrak{x} + \mathfrak{y}) = \tau(\sigma(\mathfrak{x} + \mathfrak{y})) = \tau(\sigma(\mathfrak{x}) + \sigma(\mathfrak{y})) = \tau(\sigma(\mathfrak{x})) + \tau(\sigma(\mathfrak{y})) = (\tau \circ \sigma)(\mathfrak{x}) + (\tau \circ \sigma)(\mathfrak{y})$. Analog erschließt man $(\tau \circ \sigma)(a\mathfrak{x}) = a((\tau \circ \sigma)(\mathfrak{x}))$. Also ist $\tau \circ \sigma$ ein Isomorphismus von V auf V" und damit $V \cong V''$.

<u>Satz 3</u>. Zwei Vektorräume V, V' endlicher Dimension über dem gleichen Körper sind genau dann isomorph, wenn $\dim V = \dim V'$ gilt. Insbesondere gilt für jeden Vektorraum V mit $\dim V = n$ $V \cong K^n$.

Beweis: A) Sei $\dim V = \dim V' = n$ und $V = \langle\langle \mathfrak{a}_1, \ldots, \mathfrak{a}_n \rangle\rangle$ und $V' = \langle\langle \mathfrak{a}'_1, \ldots, \mathfrak{a}'_n \rangle\rangle$. Dann gibt es nach Satz 1 eine lineare Abbildung σ von V in V' mit $\sigma(\mathfrak{a}_i) = \mathfrak{a}'_i$ für $i = 1, \ldots, n$. Es gilt $\operatorname{Ker} \sigma = \{\mathfrak{o}\}$, denn aus $\mathfrak{x} \in \operatorname{Ker} \sigma$ folgt $\sigma(\mathfrak{x}) = \mathfrak{o}$, also für

$$\mathfrak{x} = \sum_{i=1}^{n} x_i \mathfrak{a}_i \text{ dann } \sum_{i=1}^{n} x_i \mathfrak{a}'_i = \sum_{i=1}^{n} x_i \sigma(\mathfrak{a}_i) = \sigma\left(\sum_{i=1}^{n} x_i \mathfrak{a}_i\right) =$$

$\sigma(\mathfrak{x}) = \mathfrak{o}$, also wegen der linearen Unabhängigkeit der Vektoren $\mathfrak{a}'_1, \ldots, \mathfrak{a}'_n$ dann $x_1 = \ldots = x_n = 0$, also $\mathfrak{x} = \mathfrak{o}$. Mithin ist σ injektiv, also nach (H) surjektiv, also ein Isomorphismus von V auf V', und es gilt $V \cong V'$.

B) Sei $V \cong V'$. Dann gilt nach (I) $\dim V \leqq \dim V'$ und nach (J) $V' \cong V$, also nach (I) auch $\dim V' \leqq \dim V$, mithin $\dim V = \dim V'$. Damit ist Satz 3 bewiesen.

<u>Satz 4</u>. Die Automorphismen eines n-dimensionalen Vektorraumes V bilden eine Gruppe.

Der Beweis von Satz 4 folgt aus dem Beweis von (J).

Die Automorphismengruppe eines n-dimensionalen Vektorraumes V über einem Körper K heißt die (n-dimensionale) <u>Lineare Gruppe</u> über K und wird mit $GL_n(K)$ bezeichnet.

6. Die Menge Hom(V,V')

Wir setzen für zwei Vektorräume V, V' über dem gleichen Körper K:

$$\operatorname{Hom}(V, V') = \{\sigma \mid \sigma \text{ ist Homomorphismus von } V \text{ in } V'\}.$$

Wir wollen in Hom(V,V') eine Addition + und eine äußere Multiplikation $\cdot$ mit Elementen aus dem Körper K so definieren, daß Hom(V,V') zu einem Vektorraum über K wird. Die Addition + sei definiert durch

$$\sigma + \tau = \rho \qquad \text{mit } \rho(\mathfrak{x}) = \sigma(\mathfrak{x}) + \tau(\mathfrak{x}) \qquad \forall\, \mathfrak{x} \in V$$

und die äußere Multiplikation $\cdot$ durch

$$a \cdot \sigma = \rho \qquad \text{mit } \rho(\mathfrak{x}) = a\sigma(\mathfrak{x}) \qquad \forall\, \mathfrak{x} \in V.$$

Wir überlegen dann:

(K) (Hom(V,V'),+) ist eine abelsche Gruppe.

Beweis: H = Hom(V,V') ist nicht leer, da die Abbildung o mit $o(\mathfrak{x}) = \mathfrak{o}$ für alle $\mathfrak{x}$ aus V ein Element von H ist. Die Addition ist eine Verknüpfung in H , denn offenbar ist $\sigma + \tau$ eine Abbildung von V in V', und außerdem ist $\rho = \sigma + \tau$ linear: $\rho(\mathfrak{x} + \mathfrak{y}) = \sigma(\mathfrak{x} + \mathfrak{y}) + \tau(\mathfrak{x} + \mathfrak{y}) = \sigma(\mathfrak{x}) + \sigma(\mathfrak{y}) + \tau(\mathfrak{x}) + \tau(\mathfrak{y}) = \sigma(\mathfrak{x}) + \tau(\mathfrak{x}) + \sigma(\mathfrak{y}) + \tau(\mathfrak{y}) = (\sigma + \tau)(\mathfrak{x}) + (\sigma + \tau)(\mathfrak{y}) = \rho(\mathfrak{x}) + \rho(\mathfrak{y})$. Analog gilt $\rho(a\mathfrak{x}) = a\rho(\mathfrak{x})$ für alle $\mathfrak{x}$ aus V.

Weiter gilt das assoziative Gesetz in (H,+) : $((\sigma + \tau) + \rho)(\mathfrak{x}) = (\sigma + \tau)(\mathfrak{x}) + \rho(\mathfrak{x}) = (\sigma(\mathfrak{x}) + \tau(\mathfrak{x})) + \rho(\mathfrak{x}) = \sigma(\mathfrak{x}) + (\tau(\mathfrak{x}) + \rho(\mathfrak{x})) = \sigma(\mathfrak{x}) + (\tau + \rho)(\mathfrak{x}) = (\sigma + (\tau + \rho))(\mathfrak{x})$ für alle $\mathfrak{x}$ aus V , also $(\sigma + \tau) + \rho = \sigma + (\tau + \rho)$ für alle σ, τ, ρ aus H .

Das neutrale Element in H ist die oben definierte Abbildung o .

Das zu σ aus H inverse Element ist die Abbildung σ' mit $\sigma'(\mathfrak{x}) = -\sigma(\mathfrak{x})$ für alle $\mathfrak{x}$ aus V . Offenbar ist $\sigma' \in H$ und es gilt $(\sigma + \sigma')(\mathfrak{x}) = \sigma(\mathfrak{x}) + \sigma'(\mathfrak{x}) = \sigma(\mathfrak{x}) - \sigma(\mathfrak{x}) = \mathfrak{o} = o(\mathfrak{x})$ für alle $\mathfrak{x}$ aus V , also $\sigma + \sigma' = o$.

$(H,+)$ ist abelsch, da $(\sigma + \tau)(\mathfrak{x}) = \sigma(\mathfrak{x}) + \tau(\mathfrak{x}) = \tau(\mathfrak{x}) + \sigma(\mathfrak{x}) = (\tau + \sigma)(\mathfrak{x})$ für alle $\mathfrak{x}$ aus V, also $\sigma + \tau = \tau + \sigma$ für alle $\sigma, \tau \in H$ gilt.

Damit ist (K) bewiesen.

(L) $(\mathrm{Hom}(V,V'),K,\cdot)$ ist ein Vektorraum.

Beweis: Die Multiplikation $\cdot$ ist eine Abbildung von $K \times H$ in H (für $H = \mathrm{Hom}(V,V')$), denn offenbar ist $a\cdot\sigma$ eine Abbildung von V in V', und außerdem ist $a\cdot\sigma = \rho$ linear: $\rho(\mathfrak{x} + \mathfrak{y}) = a\sigma(\mathfrak{x} + \mathfrak{y}) = a(\sigma(\mathfrak{x}) + \sigma(\mathfrak{y})) = a\sigma(\mathfrak{x}) + a\sigma(\mathfrak{y}) = (a\cdot\sigma)(\mathfrak{x}) + (a\cdot\sigma)(\mathfrak{y}) = \rho(\mathfrak{x}) + \rho(\mathfrak{y})$ für alle $\mathfrak{x}$, $\mathfrak{y}$ aus V. Ferner gilt $\rho(x\mathfrak{x}) = a\sigma(x\mathfrak{x}) = ax\sigma(\mathfrak{x}) = xa\sigma(\mathfrak{x}) = x((a\cdot\sigma)(\mathfrak{x})) = x\rho(\mathfrak{x})$ für alle x aus K und alle $\mathfrak{x}$ aus V. Also ist $\cdot$ eine äußere Multiplikation.

Es gilt V1: $((a + b)\cdot\sigma)(\mathfrak{x}) = (a + b)\sigma(\mathfrak{x}) = a\sigma(\mathfrak{x}) + b\sigma(\mathfrak{x}) = (a\cdot\sigma)(\mathfrak{x}) + (b\cdot\sigma)(\mathfrak{x}) = (a\cdot\sigma + b\cdot\sigma)(\mathfrak{x})$ für alle $\mathfrak{x}$ aus V, also $(a + b)\cdot\sigma = a\cdot\sigma + b\cdot\sigma$ für alle a,b aus K und für alle σ aus H.

Analog beweist man V2 bis V4. Mithin gilt (L).

Für das Hintereinanderausführen von linearen Abbildungen

$$\tau \circ \sigma = \rho \quad \text{mit} \quad \rho(\mathfrak{x}) = \tau(\sigma(\mathfrak{x})) \qquad \forall\, \mathfrak{x} \in V$$

beweisen wir noch:

(M) Seien V,V',V'' Vektorräume über K und $\sigma \in \mathrm{Hom}(V,V')$ und $\tau \in \mathrm{Hom}(V',V'')$. Dann ist $\tau \circ \sigma \in \mathrm{Hom}(V,V'')$, und es gilt:

$$\left.\begin{array}{l} (\tau + \tau')\circ\sigma = \tau \circ \sigma + \tau' \circ \sigma \\ \tau \circ (\sigma + \sigma') = \tau \circ \sigma + \tau \circ \sigma' \end{array}\right\} \quad \begin{array}{l} \forall\, \sigma,\sigma' \in \mathrm{Hom}(V,V') \\ \forall\, \tau,\tau' \in \mathrm{Hom}(V',V''). \end{array}$$

Beweis: Daß mit $\sigma \in \mathrm{Hom}(V,V')$ und $\tau \in \mathrm{Hom}(V',V'')$ die Abbildung $\tau \circ \sigma$ Element von $\mathrm{Hom}(V,V'')$ ist, wurde im Beweis zu (J) überlegt.

Das eine Distributivgesetz ergibt sich wie folgt:
$((\tau + \tau')\cdot\sigma)(\mathfrak{x}) = (\tau + \tau')(\sigma(\mathfrak{x})) = \tau(\sigma(\mathfrak{x})) + \tau'(\sigma(\mathfrak{x})) = (\tau \circ \sigma)(\mathfrak{x}) + (\tau' \circ \sigma)(\mathfrak{x}) = ((\tau \circ \sigma) + (\tau' \circ \sigma))(\mathfrak{x})$ für alle $\mathfrak{x}$ aus V, also $(\tau + \tau')\circ\sigma = \tau \circ \sigma + \tau' \circ \sigma$ für alle $\tau, \tau' \in \mathrm{Hom}(V',V'')$ und alle $\sigma \in \mathrm{Hom}(V,V')$. Analog überlegt man das andere Distributivgesetz. Damit gilt (M).

Wir bemerken abschließend, daß nach (K) und (M) die Menge $\mathrm{Hom}(V,V)$ hinsichtlich der Verknüpfungen + und $\circ$ einen Ring bildet. Sie heißt der Endomorphismenring des Vektorraumes V.

§ 6 Linearformen und Dualräume

Ist K ein Körper, so ist K auch Vektorraum über K . Wir können daher für einen beliebigen Vektorraum V die Menge Hom(V,K) bilden. Sie ist nach § 5, (L) ein Vektorraum.

Definition: Ist V ein Vektorraum über K , so heißt V = Hom(V,K) der zu V <u>duale Vektorraum</u>. Jedes Element aus V heißt eine <u>Linearform</u>.

Beispiele:

1) Sei V der Vektorraum $\mathbb{R}^2$ und $K = \mathbb{R}$. Wir wählen zwei feste Zahlen a,b aus $\mathbb{R}$ und setzen für $\mathfrak{x} = (x,y)$:

$$\lambda(\mathfrak{x}) = \lambda(x,y) = ax + by$$

Dann ist λ eine Linearform und $\operatorname{Ker} \lambda = \{(x,y) \mid ax + by = 0\}$. Mithin ist $\operatorname{Ker} \lambda$ für $(a,b) \neq (0,0)$ die Menge der Vektoren, die Ortsvektoren von Punkten auf einer Geraden durch den Nullpunkt sind.

2) Sei V der Vektorraum der Polynome über $\mathbb{R}$ und $K = \mathbb{R}$. Für festes a aus $\mathbb{R}$ sei $f^{(n)}(a)$ die n-te Ableitung des Polynoms f an der Stelle a . Wir setzen

$$\lambda(f) = f^{(n)}(a) \qquad \forall\, f \in V .$$

Dann ist λ eine Linearform wegen der bekannten Differentiationsregeln.

3) V und K seien wie in Beispiel 2) gewählt. Die Abbildung λ mit

$$\lambda(f) = \int_a^b f(x)\, dx \qquad \forall\, f \in V$$

ist eine Linearform.

4) Keine Linearform für V und K aus Beispiel 2) ist die Abbildung ρ mit

$$\rho(f) = (f(a))^2 \qquad \forall\, f \in V \quad ,$$

wenn a eine feste reelle Zahl ist.

Satz 1. Sei V ein Vektorraum endlicher Dimension und V^* der zu V duale Vektorraum. Dann gilt

$$\boxed{\dim V^* = \dim V} \quad .$$

Beweis: Sei $V = \langle\langle \mathfrak{v}_1, \ldots, \mathfrak{v}_n \rangle\rangle$. Dann gibt es nach Satz 1 aus § 5 Linearformen $\lambda_1, \ldots, \lambda_n$ mit

$$(*) \qquad \lambda_i(\mathfrak{v}_j) = \delta_{ij} = \begin{cases} 1 & \text{für } i = j \\ 0 & \text{für } i \neq j \end{cases} \qquad \text{für } i,j = 1,\ldots,n \; .$$

Satz 1 ist bewiesen, wenn wir gezeigt haben, daß $\{\lambda_1, \ldots, \lambda_n\}$ eine Basis von V^* ist. Zunächst gilt:

(i) $\qquad V^* = \langle \lambda_1, \ldots, \lambda_n \rangle$.

Sei $\lambda \in V$ und $\lambda(\mathfrak{v}_i) = a_i$ für $i = 1,\ldots,n$. Dann gilt: $\lambda(\mathfrak{v}_i) = a_i = a_i\delta_{ii} = \sum_{j=1}^{n} a_j\delta_{ji} = \sum_{j=1}^{n} a_j(\lambda_j(\mathfrak{v}_i)) = (\sum_{j=1}^{n} a_j\lambda_j)(\mathfrak{v}_i)$ für $i = 1,\ldots,n$. Nach § 5, Satz 1 ist dann $\lambda = \sum_{j=1}^{n} a_j\lambda_j$, also $\lambda \in \langle \lambda_1, \ldots, \lambda_n \rangle$, mithin $V^* \subset \langle \lambda_1, \ldots, \lambda_n \rangle$. Da trivialerweise auch $\langle \lambda_1, \ldots, \lambda_n \rangle \subset V^*$ gilt, ist (i) bewiesen.

(ii) $\qquad \lambda_1, \ldots, \lambda_n$ sind linear unabhängig.

Aus $\sum_{j=1}^{n} a_j\lambda_j = 0$ folgt $(\sum_{j=1}^{n} a_j\lambda_j)(\mathfrak{v}_i) = 0$ für $i = 1,\dots,n$.

Mithin ist $a_i = \sum_{j=1}^{n} a_j\delta_{ji} = \sum_{j=1}^{n} a_j(\lambda_j(\mathfrak{v}_i)) = (\sum_{j=1}^{n} a_j\lambda_j)(\mathfrak{v}_i) = 0$ für $i = 1,\dots,n$, also gilt (ii).

Nach (i) und (ii) ist $V^* = \langle\langle \lambda_1,\dots,\lambda_n \rangle\rangle$, also gilt nach § 4, Satz 3 dann $\dim V^* = n = \dim V$.

Definition: Sei $\mathfrak{v}_1,\dots,\mathfrak{v}_n$ eine Basis des Vektorraumes V über K. Dann heißen die Linearformen $\lambda_1,\dots,\lambda_n$ aus V mit (∗) die zu $\mathfrak{v}_1, \dots, \mathfrak{v}_n$ <u>duale Basis</u>.

<u>Satz 2</u>. Sei V ein Vektorraum endlicher Dimension und T ein Teilraum. Die Menge $\overline{T}$ der Linearformen λ aus V^* mit $\lambda(\mathfrak{x}) = 0$ für alle $\mathfrak{x}$ aus T bildet einen Teilraum von V^*, und es gilt:

$$\boxed{\dim T + \dim \overline{T} = \dim V} \quad .$$

Beweis: Offenbar ist $\overline{T}$ ein Teilraum. Sei $\dim T = r$ und $r \neq 0$ (für $r = 0$ ist der Beweis in evidenter Weise zu modifizieren). Dann erweitern wir eine Basis $\mathfrak{v}_1,\dots,\mathfrak{v}_r$ von T zur Basis $\mathfrak{v}_1,\dots,\mathfrak{v}_n$ von V . Sei $\lambda_1,\dots,\lambda_n$ die zu $\mathfrak{v}_1,\dots,\mathfrak{v}_n$ duale Basis. Dann gilt:

(i) $\qquad \overline{T} = \langle \lambda_{r+1},\dots,\lambda_n \rangle$.

Sei $\lambda \in \overline{T} \curvearrowright \lambda = \sum_{i=1}^{n} a_i\lambda_i \curvearrowright 0 = \lambda(\mathfrak{v}_j) = \sum_{i=1}^{n} a_i\lambda_i(\mathfrak{v}_j) =$

$\sum_{i=1}^{n} a_i\delta_{ij} = a_j$ für $j = 1,\dots,r \curvearrowright \lambda = \sum_{i=r+1}^{n} a_i\lambda_i$

$\overline{T} \subset \langle \lambda_{r+1},\dots,\lambda_n \rangle$. Da umgekehrt $(\sum_{i=r+1}^{n} a_i\lambda_i)(\mathfrak{v}_j) = \sum_{i=r+1}^{n} a_i\lambda_i(\mathfrak{v}_j)$

$= \sum_{i=r+1}^{n} a_i\delta_{ij} = a_j = 0$ für $j = 1,\dots,r$ gilt, also $(\sum_{i=r+1}^{n} a_i\lambda_i)(\mathfrak{x}) = 0$

für alle $\mathfrak{x}$ aus T ist, ergibt sich auch $\langle \lambda_{r+1},\dots,\lambda_n \rangle \subset \overline{T}$ und somit (i).

Da $\lambda_1,\dots,\lambda_n$ eine Basis bilden, sind $\lambda_{r+1},\dots,\lambda_n$ linear unabhängig, und es gilt

(ii) $$\overline{T} = \langle\langle \lambda_{r+1},\dots,\lambda_n \rangle\rangle .$$

Aus (ii) folgt $\dim \overline{T} = n - r = \dim V - \dim T$ und damit Satz 2.

Bemerkung: Behauptung und Beweis des Satzes ähneln Behauptung und Beweis von § 5, Satz 2 . In der Tat hätten wir Satz 2 auf § 5, Satz 2 zurückführen können:

Sei α Abbildung von V^* in T^* mit

$$\alpha(\lambda) = \lambda|_T \qquad (= \text{Beschränkung von } \lambda \text{ auf } T)$$

Dann ist Bild $\alpha = T^*$, da Bild $\alpha \subset T^*$ und jede Linearform von T nach § 5, Satz 1 zu einer Linearform von V fortsetzbar ist. Ferner ist Ker $\alpha = \overline{T}$ und somit nach Satz 1 $\dim T + \dim \overline{T} = \dim T^* + \dim \overline{T} = \dim(\text{Bild } \alpha) + \dim(\text{Ker } \alpha) = \dim V^* = \dim V$.

Aus Satz 1 und § 5, Satz 3 folgt, daß V und V^* für einen endlich dimensionalen Vektorraum V isomorph sind. Wir wollen diese Isomorphie von V und V^* genau studieren, vor allem für $V = K^n$ (bis auf Isomorphien ist dies der allgemeine Fall). Außerdem wollen wir zeigen, daß Beispiel 1) das "allgemeinste" Beispiel von Linearformen ist.

(A) Ist $V = \langle\langle \mathfrak{v}_1,\dots,\mathfrak{v}_n \rangle\rangle$ ein Vektorraum über K , so gibt es zu jedem λ aus V Elemente $a_1,\dots,a_n$ mit

$$\lambda(\mathfrak{x}) = a_1x_1 + \dots + a_nx_n \qquad \text{für } \mathfrak{x} = \sum_{i=1}^{n} x_i \mathfrak{v}_i .$$

Beweis: Man setze $a_i = \lambda(\mathfrak{a}_i)$ für $i = 1,\dots,n$.

Wir wollen nun (A) für den Fall $V = K^n$ hinschreiben. Dazu definieren wir:
Die Abbildung π von $K^n \times K^n$ in K mit $\pi(\mathfrak{x}, \mathfrak{y}) = \sum_{i=1}^{n} x_i y_i$ für $\mathfrak{x} = (x_1,\dots,x_n)$ und $\mathfrak{y} = (y_1,\dots,\ _n)$ heißt das <u>skalare Produkt</u> von $\mathfrak{x}$ und $\mathfrak{y}$. Wir setzen $\pi(\mathfrak{x}, \mathfrak{y}) = \mathfrak{x}\mathfrak{y}$.

Also ist

$$\boxed{\mathfrak{x}\mathfrak{y} = \sum_{i=1}^{n} x_i y_i} \qquad \text{für} \quad \begin{cases} \mathfrak{x} = (x_1,\dots,x_n) \\ \mathfrak{y} = (y_1,\dots,y_n) \end{cases} .$$

Für das skalare Produkt gilt:

$$\left.\begin{array}{ll} ① & (\mathfrak{a} + \mathfrak{b})\mathfrak{c} = \mathfrak{a}\mathfrak{c} + \mathfrak{b}\mathfrak{c} \\ ② & (c\,\mathfrak{a})\mathfrak{b} = \mathfrak{a}(c\,\mathfrak{b}) = c(\mathfrak{a}\mathfrak{b}) \\ ③ & \mathfrak{a}\mathfrak{b} = \mathfrak{b}\mathfrak{a} \end{array}\right\} \begin{array}{l} \forall \mathfrak{a}, \mathfrak{b}, \mathfrak{c} \in K^n, \\ \forall c \in K . \end{array}$$

(A) lautet dann wie folgt:

(A') Ist $V = K^n$ und $\lambda \in V^*$, so gibt es ein $\mathfrak{a}$ aus K^n mit

(**) $$\lambda(\mathfrak{x}) = \mathfrak{a}\mathfrak{x} \qquad \forall \mathfrak{x} \in V .$$

Umgekehrt gilt: Ist $\mathfrak{a} \in V$, so ist λ mit (**) eine Linearform.

Mehr noch gilt:

<u>Satz 3.</u> Ist $V = K^n$, so ist die Abbildung α von V in V^*, die jedem Vektor $\mathfrak{a}$ aus V die Linearform λ mit (**) zuordnet, ein Isomorphismus von V auf V^* .

Beweis: Daß α eine Abbildung ist, ist klar. α ist linear: Es gilt

$$\alpha(\mathfrak{v} + \mathfrak{v}') = \alpha(\mathfrak{v}) + \alpha(\mathfrak{v}')$$

wegen ($\alpha(\mathfrak{v}) = \lambda$ und $\alpha(\mathfrak{v}') = \lambda'$): $(\mathfrak{v} + \mathfrak{v}')\mathfrak{x} = \mathfrak{v}\mathfrak{x} + \mathfrak{v}'\mathfrak{x}$ $= \lambda(\mathfrak{x}) + \lambda'(\mathfrak{x}) = (\lambda + \lambda')(\mathfrak{x})$, für alle $\mathfrak{x} \in V$.

Ferner ist

$$\alpha(a\,\mathfrak{v}) = a\lambda$$

wegen $(a\,\mathfrak{v})\mathfrak{x} = a(\mathfrak{v}\mathfrak{x}) = a(\lambda(\mathfrak{x})) = (a\lambda)(\mathfrak{x})$ für alle $\mathfrak{x} \in V$. Da α nach (A') surjektiv ist, ist α nach § 5, (H) injektiv, also ein Isomorphismus.

Mit Satz 2 und 3 erschließen wir:

<u>Satz 4</u>. Sei V ein endlich dimensionaler Vektorraum und T ein Teilraum. Dann ist

$$T^{\circ} = \{\mathfrak{x} \mid \mathfrak{x}\mathfrak{y} = 0 \text{ für alle } \mathfrak{y} \in T\}$$

ein Teilraum von V und es gilt

$$\boxed{\dim T + \dim T^{\circ} = \dim V} \quad .$$

Beweis: Sei α der Isomorphismus aus Satz 3 , also

$$\alpha(\mathfrak{v}) = \lambda \quad \text{mit} \quad \lambda(\mathfrak{x}) = \mathfrak{v}\mathfrak{x} \qquad \forall\, \mathfrak{x} \in V .$$

Dann gilt: $\mathfrak{x} \in T^{\circ} \Leftrightarrow \mathfrak{x}\mathfrak{y} = 0$ für alle $\mathfrak{y} \in T \Leftrightarrow \alpha(\mathfrak{x}) \in \overline{T} =$ $\{\lambda \mid \lambda(\mathfrak{y}) = 0$ für alle $\mathfrak{y} \in T\}$. Mithin ist $\alpha(T^{\circ}) = \overline{T}$, also sind $T^{\circ}, \overline{T}$ isomorph, also gilt $\dim T^{\circ} = \dim \overline{T}$, also ist nach Satz 2:

$$\dim T + \dim T^{\circ} = \dim T + \dim \overline{T} = \dim V \quad .$$

§ 7 Matrizen

1. Definitionen

Ein Schema

$$(a_{ij}) = \begin{pmatrix} a_{11} & a_{12} & \dots & a_{1n} \\ a_{21} & a_{22} & \dots & a_{2n} \\ \vdots & & & \\ a_{m1} & a_{m2} & \dots & a_{mn} \end{pmatrix}$$

von Elementen eines Körpers K heißt eine <u>Matrix</u> mit m Zeilen und n Spalten, kurz eine $m \times n$ - Matrix. Die Matrix heißt <u>quadratisch</u>, wenn $m = n$.

$a_{i1}\ a_{i2}\ \dots\ a_{in}$ heißt i-te Zeile $(i = 1,\dots,m)$.

$$\begin{matrix} a_{1j} \\ a_{2j} \\ \vdots \\ a_{mj} \end{matrix}$$ heißt j-te Spalte $(j = 1,\dots,n)$.

Außerdem heißt $(a_{i1},\dots,a_{in})$ der <u>i-te Zeilenvektor</u>. Er ist Element von K^n. Ferner heißt $(a_{1j},\dots,a_{mj})$ der <u>j-te Spaltenvektor</u>. Er ist Element von K^m.

Kippt man die Matrix um die Hauptdiagonale, so entsteht die "<u>transponierte Matrix</u>"

$$(a_{ji}) = \begin{pmatrix} a_{11} & a_{21} & \dots & a_{m1} \\ a_{12} & a_{22} & \dots & a_{m2} \\ \vdots & & & \\ a_{1n} & a_{2n} & \dots & a_{mn} \end{pmatrix}$$

Insbesondere ist $\begin{pmatrix} 1 & 4 \\ 2 & 5 \\ 3 & 6 \end{pmatrix}$ die zu $\begin{pmatrix} 1 & 2 & 3 \\ 4 & 5 & 6 \end{pmatrix}$ transponierte Matrix.

Ist A eine Matrix, so bezeichnet A' oder A^* die transponierte Matrix.

2. Elementare Umformungen

Sei A eine $m \times n$ - Matrix. Folgende Operationen führen A in eine Matrix B über. Wir sagen B sei durch elementare Umformung aus A entstanden:

① Multiplikation aller Elemente einer Zeile (oder einer Spalte) mit $c \neq 0$ aus K.

② Addition der Elemente einer Zeile (oder einer Spalte) zu den entsprechenden Elementen einer anderen Zeile (oder Spalte).

Schema für ① und ② :

①
$$\begin{pmatrix} \vdots \\ \mathfrak{a} \\ \vdots \end{pmatrix} \quad \text{i-ter Zeilenvektor} \longrightarrow \begin{pmatrix} \vdots \\ c\,\mathfrak{a} \\ \vdots \end{pmatrix}$$
$$(\ldots\ \mathfrak{a}\ \ldots) \quad \text{i-ter Spaltenvektor} \longrightarrow (\ldots\ c\,\mathfrak{a}\ \ldots)$$

②
$$\begin{pmatrix} \vdots \\ \mathfrak{a} \\ \vdots \\ \mathfrak{b} \\ \vdots \end{pmatrix} \longrightarrow \begin{pmatrix} \vdots \\ \mathfrak{a} + \mathfrak{b} \\ \vdots \\ \mathfrak{b} \\ \vdots \end{pmatrix}$$
$$(\ldots\ \mathfrak{a}\ \ldots\ \mathfrak{b}\ \ldots) \longrightarrow (\ldots\ \mathfrak{a} + \mathfrak{b}\ \ldots\ \mathfrak{b}\ \ldots)$$

Beispiele:

$$\begin{pmatrix}1&2&3\\4&5&6\\7&8&9\end{pmatrix} \xrightarrow{①} \begin{pmatrix}2&4&6\\4&5&6\\7&8&9\end{pmatrix} \xrightarrow{②} \begin{pmatrix}2&4&6\\6&9&12\\7&8&9\end{pmatrix} .$$

$$\begin{vmatrix}1&4&7\\2&6&2\end{vmatrix} \xrightarrow{②} \begin{vmatrix}3&10&9\\2&6&2\end{vmatrix} \xrightarrow{①} \begin{vmatrix}3&10&9\\4&12&4\end{vmatrix} .$$

Mit ① und ② ist auch folgende Umformung möglich:

③ Addition oder Subtraktion einer mit $c \neq 0$ aus K multiplizierten Zeile (Spalte) zu einer anderen Zeile (Spalte).

Beweisschema: $\begin{vmatrix}\mathfrak{a}\\ \mathfrak{b}\end{vmatrix} \xrightarrow{①} \begin{vmatrix}c\,\mathfrak{a}\\ \mathfrak{b}\end{vmatrix} \xrightarrow{②} \begin{vmatrix}c\,\mathfrak{a}\\ \mathfrak{b}+c\,\mathfrak{a}\end{vmatrix}$

$$\xrightarrow{①} \begin{vmatrix}\mathfrak{a}\\ \mathfrak{b}+c\,\mathfrak{a}\end{vmatrix} .$$

Weiter ist mit ① und ② folgende Umformung möglich:

④ Vertauschen zweier Zeilen(Spalten).

Beweis: ④ wird durch Nacheinanderausführen von ① und ② erzeugt:

$$\begin{pmatrix}\vdots\\ \mathfrak{a}\\ \vdots\\ \mathfrak{b}\\ \vdots\end{pmatrix} \text{ kurz geschrieben als } \begin{vmatrix}\mathfrak{a}\\ \mathfrak{b}\end{vmatrix} \xrightarrow{②} \begin{vmatrix}\mathfrak{a}\\ \mathfrak{a}+\mathfrak{b}\end{vmatrix} \xrightarrow{③}$$

$$\begin{vmatrix}-\mathfrak{b}\\ \mathfrak{a}+\mathfrak{b}\end{vmatrix} \xrightarrow{②} \begin{vmatrix}-\mathfrak{b}\\ \mathfrak{a}\end{vmatrix} \xrightarrow{①} \begin{vmatrix}\mathfrak{b}\\ \mathfrak{a}\end{vmatrix} .$$

Satz 1. Durch elementare Umformungen läßt sich jede Matrix A in eine Matrix B der Form

$$B = \begin{pmatrix} 1 & & & & 0 \\ & \ddots & & & \\ & & 1 & & \\ & & & 0 & \\ 0 & & & & \ddots & \\ & & & & & 0 \end{pmatrix}$$

überführen.

Beweis: Ist $A = \begin{pmatrix} 0 & \dots & 0 \\ \vdots & & \vdots \\ 0 & \dots & 0 \end{pmatrix}$, so gilt die Behauptung. Hat A ein von Null verschiedenes Element a_{ik}, so kann dies durch ④ an die Stelle von a_{11} gebracht werden. Multiplikation der 1. Zeile mit $\frac{1}{a_{ik}}$ liefert dann an der Stelle a_{11} eine 1 :

$$A \longrightarrow \begin{pmatrix} 1 & \dots \\ \vdots & \end{pmatrix} = B_1$$

Die Elemente von B_1 seien wieder mit a_{ik} bezeichnet. Ist $a_{21} = 0$, ändern wir nichts. Ist $a_{21} \neq 0$, so subtrahieren wir von der zweiten Zeile die mit a_{21} multiplizierte erste Zeile, und es entsteht eine neue Matrix, in der $a_{21} = 0$. Fortsetzen des Verfahrens für die anderen Zeilen liefert in der ersten Spalte nur Nullen, außer $a_{11} = 1$. Analog kann man in der ersten Zeile lauter Nullen erzeugen, außer $a_{11} = 1$.

$$A \longrightarrow \begin{pmatrix} 1 & 0 & \dots & 0 \\ 0 & & & \\ \vdots & & & \\ 0 & & & \end{pmatrix} = B_2 .$$

Wir behandeln nun die "Restmatrix" $\begin{pmatrix} a_{22} & \dots & a_{2n} \\ \vdots & & \\ a_{m2} & \dots & a_{mn} \end{pmatrix}$ ganz analog.

Die elementaren Umformungen dieser "Restmatrix" ändern die erste Zeile und die erste Spalte nicht mehr. Induktionsbeweis liefert dann die Behauptung des Satzes.

3. Rang einer Matrix

Definition: Die Maximalzahl linear unabhängiger Zeilenvektoren einer Matrix heißt der Zeilenrang der Matrix, die Maximalzahl linear unabhängiger Spaltenvektoren der Matrix ihr Spaltenrang.

Satz 2. Der Zeilenrang einer Matrix ist gleich ihrem Spaltenrang.

Beweis: Sei eine $m \times n$ - Matrix (a_{ij}) gegeben.

$$\begin{array}{ccc} & \mathfrak{b}_1 \qquad\qquad \mathfrak{b}_n \\ & \downarrow\tau \qquad\qquad \downarrow\tau \\ \mathfrak{a}_1 \xrightarrow{\ \sigma\ } & \begin{pmatrix} a_{11} & : \; : \; \cdots & a_{1n} \\ \vdots & & \vdots \\ a_{m1} & \cdots & a_{mn} \end{pmatrix} \\ \mathfrak{a}_m \xrightarrow{\ \sigma\ } & \end{array}$$

Wir betrachten $V = K^m$ und $W = K^n$ mit den Basen $\mathfrak{a}_1, \ldots, \mathfrak{a}_m$ bzw. $\mathfrak{b}_1, \ldots, \mathfrak{b}_n$ aus "Einheitsvektoren" (z.B. ist $\mathfrak{a}_i = (0,0,.,0,1,0,.,0)$ mit der 1 an der i-ten Stelle). Nach Satz 1 aus § 5 existiert genau eine lineare Abbildung σ von V in W mit

$$\sigma(\mathfrak{a}_i) = (a_{i1}, \ldots, a_{in}) \qquad \text{(i-ter Zeilenvektor)} .$$

Offenbar gilt

(i) Zeilenrang = dim(Bild σ) .

Nach § 5, Satz 1 existiert genau eine lineare Abbildung τ von W in V mit

$$\tau(\mathfrak{b}_i) = (a_{1i}, \ldots, a_{mi}) \qquad \text{(i-ter Spaltenvektor)},$$

und es gilt

(ii) Spaltenrang = dim(Bild τ) .

Wir überlegen weiter

(iii) $\quad \operatorname{Ker} \tau = (\operatorname{Bild} \sigma)^{\circ} = \{ \mathfrak{x} \mid \mathfrak{x}\mathfrak{y} = 0 \ \ \forall \mathfrak{y} \in \operatorname{Bild} \sigma \}$.

Es ist $\mathfrak{x} \in \operatorname{Ker} \tau \Longleftrightarrow \tau(\mathfrak{x}) = \mathfrak{o} \Longleftrightarrow \tau\left(\sum_{i=1}^{n} x_i \mathfrak{b}_i\right) = \mathfrak{o} \Longleftrightarrow$

$$\sum_{i=1}^{n} x_i \tau(\mathfrak{b}_i) = \mathfrak{o} \Longleftrightarrow \sum_{i=1}^{n} x_i a_{ji} = 0 \quad \text{für } j = 1,\dots,m$$

(da alle Komponenten des Vektors $\sum_{i=1}^{n} x_i \tau(\mathfrak{b}_i)$ Null sein müssen)

$\Longleftrightarrow \mathfrak{x}\,\sigma(\mathfrak{a}_j) = 0$ für $j = 1,\dots,m$ $\Longleftrightarrow \mathfrak{x}\,\sigma(\mathfrak{a}) = 0$ für alle $\mathfrak{a}$ aus V $\Longleftrightarrow \mathfrak{x}\mathfrak{y} = 0$ für alle $\mathfrak{y} \in \operatorname{Bild} \sigma \Longleftrightarrow$ $\mathfrak{x} \in (\operatorname{Bild} \sigma)^{\circ}$.

Mithin gilt nach (i),(ii),(iii) und § 6, Satz 4:

$$\text{Zeilenrang} = \dim(\operatorname{Bild} \sigma) \overset{\text{Satz 4}}{=} \dim V - \dim(\operatorname{Bild} \sigma)^{\circ} \overset{\text{(iii)}}{=} \dim V - \dim(\operatorname{Ker} \tau) = \dim(\operatorname{Bild} \tau) = \text{Spaltenrang}.$$

Definition: Der Zeilenrang (= Spaltenrang) einer Matrix A heißt der <u>Rang der Matrix</u>, geschrieben $r(A)$.

<u>Satz 3.</u> Eine elementare Unformung führt die Matrix A in eine Matrix B von gleichem Rang über.

Beweis: Es genügt nach Satz 2 zu zeigen, daß Spaltenumformungen den Spaltenrang und Zeilenumformungen den Zeilenrang invariant lassen. Da die Beweise für beides analog gehen, zeigen wir nur das erste. Die Matrix A habe die Spaltenvektoren $\mathfrak{a}_1,\dots,\mathfrak{a}_n$. Die Spaltenumformung ① führt den Spaltenvektor $\mathfrak{a}_i$ in den Spaltenvektor $c\,\mathfrak{a}_i$ über. Offenbar ist für $c \neq 0$ dann $\langle \mathfrak{a}_1,\dots,\mathfrak{a}_n \rangle = \langle \mathfrak{a}_1,\dots,c\,\mathfrak{a}_i,\dots,\mathfrak{a}_n \rangle$, also Spaltenrang A = $\dim \langle \mathfrak{a}_1,\dots,\mathfrak{a}_n \rangle = \dim \langle \mathfrak{a}_1,\dots,c\,\mathfrak{a}_i,\dots,\mathfrak{a}_n \rangle$ = Spaltenrang B.

Entsprechendes gilt für die Spaltenumformung ② : Es ist

$$\langle \mathfrak{a}_1,\ldots,\mathfrak{a}_n\rangle = \langle \mathfrak{a}_1,\ldots,\mathfrak{a}_i+\mathfrak{a}_j,\ldots,\mathfrak{a}_j,\ldots,\mathfrak{a}_n\rangle$$

wegen $\mathfrak{a}_i = (\mathfrak{a}_i + \mathfrak{a}_j) + (-1)\,\mathfrak{a}_j$ und daher Spaltenrang A = dim $\langle \mathfrak{a}_1,\ldots,\mathfrak{a}_n\rangle$ = dim $\langle \mathfrak{a}_1,\ldots,\mathfrak{a}_i+\mathfrak{a}_j,\ldots,\mathfrak{a}_j,\ldots,\mathfrak{a}_n\rangle$ = Spaltenrang B . Mithin gilt Satz 3.

4. Matrizen und lineare Abbildungen

Wir wollen nun jeder linearen Abbildung eine Matrix zuordnen und umgekehrt jeder Matrix eine lineare Abbildung.

Seien $V = \langle\langle \mathfrak{a}_1,\ldots,\mathfrak{a}_m\rangle\rangle$ und $V' = \langle\langle \mathfrak{b}_1,\ldots,\mathfrak{b}_n\rangle\rangle$ Vektorräume über einem Körper K. Sei $\sigma \in \mathrm{Hom}(V,V')$, dann gibt es $a_{ij} \in K$ mit

$$\sigma(\mathfrak{a}_i) = \sum_{j=1}^{n} a_{ij}\,\mathfrak{b}_j \qquad i = 1,\ldots,m \quad .$$

Wir setzen dann

$$M(\sigma, \mathfrak{a}_i, \mathfrak{b}_j) = (a_{ij}) \text{ , kurz } (a_{ij}) = M(\sigma) .$$

Die $m \times n$ - Matrix (a_{ij}) ist eindeutig durch σ und die Basen $\mathfrak{a}_1,\ldots,\mathfrak{a}_m$; $\mathfrak{b}_1,\ldots,\mathfrak{b}_n$ bestimmt. Jeder linearen Abbildung σ wird damit eindeutig eine Matrix $M(\sigma)$ zugeordnet:

$$\sigma \longrightarrow M(\sigma, \mathfrak{a}_i, \mathfrak{b}_j) \text{ , kurz } M(\sigma) \quad .$$

Umgekehrt, sei $M = (b_{ij})$ eine $m \times n$ - Matrix. Dann gibt es nach § 5, Satz 1 eine lineare Abbildung τ von V in V' mit

$$\tau(\mathfrak{a}_i) = \sum_{j=1}^{n} b_{ij}\,\mathfrak{b}_j \qquad i = 1,\ldots,m \quad .$$

Wir setzen

$$\tau = \tau(M, \mathfrak{a}_i, \mathfrak{b}_j) \text{ , kurz } \tau = \tau(M) \quad .$$

Mithin haben wir

(A) Sind V,V' Vektorräume über dem Körper K und dim V = m , dim V' = n , so gibt es nach Wahl je einer Basis von V bzw. V' eine eineindeutige Abbildung von Hom(V,V') auf die Menge der $m \times n$ - Matrizen.

Ferner gilt

(B) Es ist $r(M(\sigma)) = Rg(\sigma)$.

Denn es gilt nach (i) wie im Beweis zu Satz 2: $r(M(\sigma))$ = Zeilenrang von $M(\sigma)$ = dim (Bild σ) = $Rg(\sigma)$.

5. Summe und Produkt von Matrizen

Definition: Seien $A = (a_{ik})$ und $B = (b_{ik})$ zwei $m \times n$ - Matrizen. Dann heißt die Matrix $C = (a_{ik} + b_{ik})$ die Summe A + B der Matrizen A und B .

$$A + B = C \quad .$$

$$(a_{ik}) + (b_{ik}) = (a_{ik} + b_{ik}) \quad .$$

Beispiel:

$$\begin{vmatrix} 4 & 3 & 2 \\ 1 & 4 & 2 \end{vmatrix} + \begin{vmatrix} 5 & 3 & 1 \\ 2 & 4 & 6 \end{vmatrix} = \begin{vmatrix} 9 & 6 & 3 \\ 3 & 8 & 8 \end{vmatrix}$$

Definition: Sei $A = (a_{ik})$ eine $m \times n$ - Matrix und c ein Element aus K . Dann bezeichnet cA die Matrix (ca_{ik}) .

Beispiel:

$$3 \begin{pmatrix} 4 & 5 \\ 1 & 6 \\ 2 & 7 \end{pmatrix} = \begin{pmatrix} 12 & 15 \\ 3 & 18 \\ 6 & 21 \end{pmatrix}$$

<u>Satz 4.</u> Die Menge der $m \times n$ - Matrizen über dem Körper K bildet einen zu Hom(V,V') isomorphen Vektorraum über K , wenn $\dim V = m$ und $\dim V' = n$ ist.

Beweis: Sei $\mathfrak{a}_1,\dots,\mathfrak{a}_m$ Basis von V und $\mathfrak{b}_1,\dots,\mathfrak{b}_n$ Basis von V'. Wir kürzen ab:

$$M(\sigma) = M(\sigma, \mathfrak{a}_i, \mathfrak{b}_j) \qquad \text{für } \sigma \in \mathrm{Hom}(V,V') .$$

Dann ist die Abbildung M von Hom(V,V') in die Menge der $m \times n$ - Matrizen mit

$$\sigma \longrightarrow M(\sigma) \qquad \forall\ \sigma \in \mathrm{Hom}(V,V')$$

eine bijektive Abbildung nach (A). Sie ist auch linear:

$$M(\sigma + \tau) = M(\sigma) + M(\tau) \qquad \sigma,\tau \in \mathrm{Hom}(V,V')$$

$$M(a\sigma) = aM(\sigma) \qquad a \in K ;\ \sigma \in \mathrm{Hom}(V,V') .$$

Denn es ist $(\sigma + \tau)(\mathfrak{a}_i) = \sigma(\mathfrak{a}_i) + \tau(\mathfrak{a}_i) = \sum a_{ij}\mathfrak{b}_j + \sum b_{ij}\mathfrak{b}_j = \sum (a_{ij} + b_{ij})\mathfrak{b}_j$ für $i = 1,\dots,m$, also $M(\sigma + \tau) = (a_{ij} + b_{ij}) = (a_{ij}) + (b_{ij}) = M(\sigma) + M(\tau)$.

Analog beweist man die andere Regel. Satz 4 ist damit bewiesen.

Definition: Sei $A = (a_{ik})$ eine $m \times n$ - Matrix und $B = (b_{ik})$ eine $n \times r$ - Matrix, denn heißt die $m \times r$ - Matrix $C = (c_{il})$ mit $c_{il} = \sum_{k=1}^{n} a_{ik}b_{kl}$ das <u>Produkt</u> der Matrizen A,B , bezeichnet als AB .

$$AB = (a_{ik})(b_{kl}) =$$

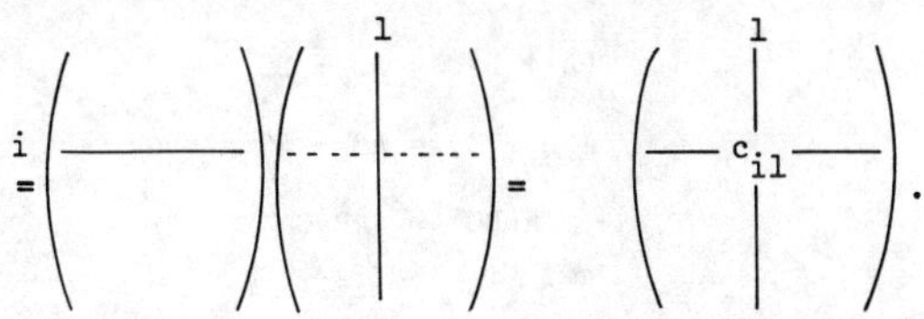

Beispiel:

$$\begin{pmatrix} 1 & 0 & 4 \\ 7 & 2 & 3 \\ 1 & 0 & 0 \end{pmatrix} \cdot \begin{pmatrix} 4 & 3 & 1 \\ 2 & 0 & 0 \\ 0 & 1 & 2 \end{pmatrix} = \begin{pmatrix} 4 & 7 & 9 \\ 32 & 24 & 13 \\ 4 & 3 & 1 \end{pmatrix}$$

Wir übertragen die Multiplikation nun in Aussagen über lineare Abbildungen:

(C) Seien V, V', V'' Vektorräume über K mit $\dim V = m$, $\dim V' = n$ und $\dim V'' = r$. Für feste Basen in V, V', V'' gilt

$$M(\tau\sigma) = M(\sigma)M(\tau) \qquad \begin{cases} \sigma \in \operatorname{Hom}(V,V') \\ \tau \in \operatorname{Hom}(V',V'') \end{cases} .$$

(Es ist $M(\sigma)$ eine $m \times n$ - Matrix, $M(\tau)$ eine $n \times r$ - Matrix und $M(\tau\sigma)$ eine $m \times r$ - Matrix.)

Beweis: Sei $\mathfrak{a}_1, \ldots, \mathfrak{a}_m$ Basis von V, $\mathfrak{b}_1, \ldots, \mathfrak{b}_n$ Basis von V' und $\mathfrak{c}_1, \ldots, \mathfrak{c}_r$ Basis von V''. Dann gilt:

$$(\tau\sigma)(\mathfrak{a}_i) = \tau(\sigma(\mathfrak{a}_i)) = \tau\Big(\sum_{k=1}^{n} a_{ik}\mathfrak{b}_k\Big) = \sum_{k=1}^{n} a_{ik}\tau(\mathfrak{b}_k) =$$

$$= \sum_{k,l=1}^{n,r} a_{ik}b_{kl}\mathfrak{c}_l = \sum_{l=1}^{r}\Big(\sum_{k=1}^{n} a_{ik}b_{kl}\Big)\mathfrak{c}_l ,$$

also $M(\tau\sigma) = \Big(\sum_{k=1}^{n} a_{ik}b_{kl}\Big) = (a_{ik})(b_{kl}) = M(\sigma)M(\tau)$.

Wir folgern hieraus mit § 6, (M) :

Satz 5. Für die Matrizenmultiplikation gelten folgende Gesetze:

$$(A + B)C = AC + BC$$

$$A(B + C) = AB + AC$$

$$A(BC) = (AB)C \quad .$$

Spezielle Matrizen sind:

$$\text{Nullmatrix:} \quad 0 = \begin{pmatrix} 0 & 0 & \dots & 0 \\ 0 & 0 & \dots & 0 \\ \vdots & \vdots & & \vdots \\ 0 & 0 & \dots & 0 \end{pmatrix}$$

$$\text{Einheitsmatrix:} \quad E = \begin{pmatrix} 1 & 0 & \dots & & 0 \\ 0 & 1 & & & \vdots \\ \vdots & & 1 & & \vdots \\ \vdots & & & 1 & 0 \\ 0 & \dots & & 0 & 1 \end{pmatrix} = (\delta_{ik}) \quad .$$

Es ist $0 = M(o)$ mit $o(\mathfrak{x}) = \mathfrak{o} \quad \forall \mathfrak{x} \in V$.
Außerdem gilt $E = M(\iota)$ mit $\iota(\mathfrak{x}) = \mathfrak{x} \quad \forall \mathfrak{x} \in V$.

Für den Übergang zum Transponierten gilt:

(D) Beim Übergang zu den transponierten Matrizen gilt

$$(A + B)' = A' + B'$$
$$(AB)' = B'A'$$

Dies folgt sofort aus den Definitionen der Summe und des Produktes.

6. Lineare Abbildungen in Matrizenschreibweise

Seien V,V' Vektorräume der Dimension m und n über einem Körper K und $\mathfrak{a}_1,\dots,\mathfrak{a}_m$ Basis von V und $\mathfrak{b}_1,\dots,\mathfrak{b}_n$ Basis von V' und $\sigma \in \mathrm{Hom}(V,V')$.

Wir wollen Vektoren in V und in V' und σ durch Matrizen beschreiben. Im folgenden wird die rechte Seite in eindeutiger Weise aus der linken gewonnen:

$\mathfrak{x} = \sum_{i=1}^{m} x_i \mathfrak{a}_i$ $\qquad$ $X = (x_1\ x_2\ \dots\ x_m)$

(Vektor in V) $\qquad$ (1 × m - Matrix)

σ $\qquad$ $M(\sigma) = (a_{ik}) = A$ mit $\sigma(\mathfrak{a}_i) = \sum_{k=1}^{n} a_{ik} \mathfrak{b}_k$

(Element von Hom(V,V')) $\qquad$ (m × n - Matrix)

$\overline{\mathfrak{x}} = \sigma(\mathfrak{x}) = \sum_{i=1}^{n} \overline{x}_i \mathfrak{b}_i$ $\qquad$ $\overline{X} = (\overline{x}_1\ \overline{x}_2\ \dots\ \overline{x}_n)$

(Vektor in V') $\qquad$ (1 × n - Matrix)

Es gilt:

$$\boxed{\overline{\mathfrak{x}} = \sigma(\mathfrak{x}) \quad \curvearrowright \quad \overline{X} = XA}$$

Beweis: Setzt man $\mathfrak{x} = \sigma(\overline{\mathfrak{x}})$, so folgt: $\sum_{k=1}^{n} \overline{x}_k \mathfrak{b}_k = \mathfrak{x} = \sigma(\overline{\mathfrak{x}}) =$

$$\sigma(\sum_{i=1}^{m} x_i \mathfrak{a}_i) = \sum_{i=1}^{m} x_i \sigma(\mathfrak{a}_i) = \sum_{i=1}^{m} x_i (\sum_{k=1}^{n} a_{ik} \mathfrak{b}_k) = \sum_{k=1}^{n} (\sum_{i=1}^{m} x_i a_{ik}) \mathfrak{b}_k ,$$

also $\overline{x}_k = \sum_{i=1}^{m} x_i a_{ik}$ und damit $\overline{X} = XA$.

Die Umkehrung wird durch Zurücklaufen der Schlüsse bewiesen.

7. Reguläre Matrizen

Definition: Eine $m \times n$ - Matrix A heißt <u>regulär</u>, wenn $m = n$ und $r(A) = n$ ist.

(E) Eine Matrix A ist genau dann regulär, wenn jede lineare Abbildung σ mit $M(\sigma) = A$ regulär ist.

Beweis: Sei V ein Vektorraum mit $\dim V = n$ und $\mathfrak{v}_1, \dots, \mathfrak{v}_n$ Basis von V. Dann ist für $\sigma \in \mathrm{Hom}(V,V)$ mit $M(\sigma) = M(\sigma, \mathfrak{v}_i, \mathfrak{v}_i) = A = (a_{ik})$:

$$\sigma(\mathfrak{v}_i) = \sum_{k=1}^{n} a_{ik} \mathfrak{v}_k \quad .$$

Weiter gilt: A regulär $\Leftrightarrow$ dim (Bild σ) = n $\Leftrightarrow$ Bild σ = V $\Leftrightarrow$ σ surjektiv $\Leftrightarrow$ σ regulär.

<u>Satz 6.</u> Die Menge $L_n(K)$ der regulären $n \times n$ - Matrizen bildet hinsichtlich der Multiplikation eine Gruppe.

Beweis: 1) Die Menge $L_n(K)$ ist nicht leer: Die Einheitsmatrix E ist Element von $L_n(K)$.

2) Die Multiplikation ist eine Verknüpfung: $A,B \in L_n(K)$. Wir wählen σ,τ aus $\mathrm{Hom}(K^n,K^n)$ in natürlicher Basis des K^n so, daß

$$M(\sigma) = A \quad \text{und} \quad M(\tau) = B \quad .$$

Nach (C) ist dann $AB = M(\tau\sigma)$. Da nach (E) die linearen Abbildungen σ,τ regulär sind, ist auch $\tau\sigma$ regulär, also AB nach (E) regulär.

Es gelten G1 (trivialerweise für alle Produkte von Abbildungen) und G2 mit $\begin{vmatrix} 1 & 0 \\ 0 & 1 \end{vmatrix}$ als neutralem Element. Zu G3: Sei $A \in L_n(K)$, dann $\exists$ reguläre lineare Abbildung σ mit $M(\sigma) = A$, also existiert σ^{-1} und es ist $A^* = M(\sigma^{-1})$. Dann gilt $A^*A = M(\sigma^{-1})M(\sigma) = M(\sigma\sigma^{-1}) = M(\iota) = E$.

Damit ist Satz 6 bewiesen.

Man beachte: Die Gruppe $L_n(K)$ ist i. a. nicht abelsch:

$$\begin{vmatrix} 1 & 1 \\ 0 & 1 \end{vmatrix} \begin{vmatrix} 1 & 0 \\ 1 & 1 \end{vmatrix} = \begin{vmatrix} 2 & 1 \\ 1 & 1 \end{vmatrix} \neq \begin{vmatrix} 1 & 1 \\ 1 & 2 \end{vmatrix} = \begin{vmatrix} 1 & 0 \\ 1 & 1 \end{vmatrix} \begin{vmatrix} 1 & 1 \\ 0 & 1 \end{vmatrix}$$

(F) Gibt es zu der quadratischen Matrix A eine Matrix B mit $AB = E$, so ist A regulär.

Beweis: Sei A eine $n \times n$ - Matrix. Dann ist B eine $n \times r$ - Matrix, also E eine $n \times r$ - Matrix, mithin $n = r$.

A,B kann man daher als Matrizen von linearen Abbildungen σ, τ des $K^n = V$ in sich auffassen:

$$A = M(\sigma) \quad \text{und} \quad B = M(\tau) \quad .$$

Aus $M(\tau\sigma) = M(\sigma)M(\tau) = A \cdot B = E$ folgt $\tau\sigma = \iota$, also $\tau(\sigma(V)) = V$ wegen $\tau(\sigma(\mathfrak{x})) = (\tau\sigma)(\mathfrak{x}) = \mathfrak{x}$ für alle $\mathfrak{x}$ aus V . Mithin ist nach § 5, (D) $\dim V = \dim \tau(\sigma(V)) \leqq \dim \sigma(V)$, also wegen $\sigma(V) = V$ und damit $\dim \sigma(V) \leqq \dim V$ dann $Rg\, \sigma = \dim \sigma(V) = \dim V = n$. Mithin ist σ regulär und somit auch A.

§ 8 Gleichungssysteme

Seien a_{ik}, b_i, x_k für $i = 1,\ldots,m$ und $k = 1,\ldots,n$ Elemente aus einem Körper K, dann heißt

$$
(1) \qquad \boxed{\begin{array}{l} a_{11}x_1 + a_{12}x_2 + \ldots + a_{1n}x_n = b_1 \\ a_{21}x_1 + a_{22}x_2 + \ldots + a_{2n}x_n = b_2 \\ \vdots \qquad\qquad\qquad\qquad\qquad\quad \vdots \\ a_{m1}x_1 + a_{m2}x_2 + \ldots + a_{mn}x_n = b_m \end{array}}
$$

ein lineares Gleichungssystem für das n-Tupel $(x_1,\ldots,x_n)$ von Elementen aus K . Die Matrix $A = (a_{ik})$ heißt die Matrix des linearen Gleichungssystems. Das n-Tupel $(x_1,\ldots,x_n)$ heißt eine Lösung des linearen Gleichungssystems (1). Der Rang von A heißt der Rang des Gleichungssystems (1).

Sind Elemente a_{ik} und b_i für $i = 1,\ldots,m$ und $k = 1,\ldots,n$ aus K vorgegeben, so sagt man, das lineare Gleichungssystem ist lösbar, wenn es Elemente $x_1,\ldots,x_n$ aus K mit (1) gibt.

$B = \begin{pmatrix} b_1 \\ \vdots \\ b_m \end{pmatrix}$ heißt "rechte Seite" des Gleichungssystems (1).

Wir wollen (1) in Matrizenform schreiben:

$$
(1') \qquad \boxed{AX = B}
$$

mit $X = \begin{pmatrix} x_1 \\ \vdots \\ x_n \end{pmatrix}$ und $B = \begin{pmatrix} b_1 \\ \vdots \\ b_m \end{pmatrix}$. Eine andere Formulierung lautet:

$$
(1'') \qquad X'A' = B' \quad .
$$

Beispiele:

1) $$2x_1 + 3x_2 = 4$$
$$x_1 + 2x_2 = 7$$

Matrix des Gleichungssystems: $A = \begin{vmatrix} 2 & 3 \\ 1 & 2 \end{vmatrix}$; $r(A) = 2$;
das Gleichungssystem ist lösbar.
(-13,10) ist Lösung des Gleichungssystems.

2) $$2x_1 + 3x_2 = 4$$

Matrix: $A = (2 \;\; 3)$; $r(A) = 1$;
Gleichungssystem lösbar: Z. B. durch (-13,10) oder (-1,2) .

Wir wollen Gleichungssysteme übersetzen als Aussagen über lineare Abbildungen: Ist σ lineare Abbildung von K^n in K^m mit $M(\sigma) = A'$ und $\mathfrak{x} = (x_1,\ldots,x_n)$ und $\mathfrak{b} = (b_1,\ldots,b_m)$, so schreibt sich (1") (vgl. § 7, Satz 5) in der Form:

(1''') $$\sigma(\mathfrak{x}) = \mathfrak{b} \quad .$$

Aus (1''') folgt sofort:

(A) Genau dann ist das lineare Gleichungssystem (1) lösbar, wenn $\mathfrak{b} = (b_1,\ldots,b_m) \in \text{Bild}\,\sigma$.

Ferner ist der Rang von (1) offenbar gleich dim (Bild σ).

Definition: Das lineare Gleichungssystem (1) heißt <u>universell lösbar</u>, wenn es für jedes $\mathfrak{b} = (b_1,\ldots,b_m) \in K^m$ lösbar ist.

<u>Satz 1</u>. Ein lineares Gleichungssystem (1) ist genau dann universell lösbar, wenn der Rang von (1) gleich m ist.

Beweis: (1) habe den Rang m $\curvearrowright$ r(A) = m $\curvearrowright$ r(A') = m $\curvearrowright$ Rg σ = m für $M(\sigma) = A'$ $\curvearrowright$ dim (Bild σ) = m $\curvearrowright$ Bild $\sigma = K^m$ (wegen Bild $\sigma \subseteq K^m$) $\curvearrowright$ (1) universell lösbar.

Definition: Das lineare Gleichungssystem (1) heißt eindeutig lösbar, wenn es zu jedem $\mathfrak{b} = (b_1,\ldots,b_m)$ aus K^m höchstens eine Lösung besitzt.

Satz 2. Ein lineares Gleichungssystem (1) ist genau dann eindeutig lösbar, wenn der Rang von (1) gleich n ist.

Beweis: (1) habe den Rang n $\curvearrowright$ r(A) = n $\curvearrowright$ r(A') = n $\curvearrowright$ Rg σ = n für $M(\sigma) = A'$ $\curvearrowright$ dim (Bild σ) = n $\curvearrowright$ dim (Ker σ) = dim K^n - dim (Bild σ) = n - n = 0 $\curvearrowright$ σ injektiv $\curvearrowright$ $\exists$ zu jedem $\mathfrak{b}$ aus K^m höchstens ein $\mathfrak{x}$ aus K^n mit $\sigma(\mathfrak{x}) = \mathfrak{b}$ $\curvearrowright$ (1) eindeutig lösbar.

Folgerung 1. Das lineare Gleichungssystem (1) ist nur dann universell und eindeutig lösbar, wenn m = n ist.

Folgerung 2. Das lineare Gleichungssystem (1) mit m = n ist genau dann eindeutig lösbar, wenn es universell lösbar ist.

Nützlich für die Entscheidung, wann ein lineares Gleichungssystem lösbar ist, ist folgendes

Kriterium: Das lineare Gleichungssystem (1) ist genau dann lösbar, wenn die beiden Matrizen

$$A = \begin{pmatrix} a_{11} & \cdots & a_{1n} \\ \vdots & & \vdots \\ a_{m1} & \cdots & a_{mn} \end{pmatrix} \quad \text{und} \quad A^o = \begin{pmatrix} a_{11} & \cdots & a_{1n} & b_1 \\ \vdots & & \vdots & \vdots \\ a_{m1} & \cdots & a_{mn} & b_m \end{pmatrix}$$

gleichen Rang haben.
A^o heißt dabei die erweiterte Matrix.

Beweis des Kriteriums: Wie oben sei σ die lineare Abbildung von K^n in K^m mit $M(\sigma) = A'$. Ferner seien $\mathfrak{e}_1, \ldots, \mathfrak{e}_n$ die „Einheitsvektoren" in K^n. Dann sind $\sigma(\mathfrak{e}_1), \ldots, \sigma(\mathfrak{e}_n)$ die Spaltenvektoren von A. Sie spannen Bild σ auf. Damit gilt: (1) ist lösbar $\overset{(A)}{\Longleftrightarrow}$ $\mathfrak{b} = (b_1, \ldots, b_m) \in$ Bild σ $\Longleftrightarrow$ $\mathfrak{b}$ ist Linearkombination der $\sigma(\mathfrak{e}_1), \ldots, \sigma(\mathfrak{e}_n)$ $\Longleftrightarrow$ Spaltenrang von A^o = Spaltenrang A $\Longleftrightarrow$ $r(A^o) = r(A)$.

Definition: Das lineare Gleichungssystem (1) heißt <u>homogen</u>, wenn $b_1 = b_2 = \ldots = b_m = 0$ ist.

Ein homogenes lineares Gleichungssystem hat folgende Gestalt:

$$
(2) \qquad \begin{array}{ccc} a_{11}x_1 + \ldots + a_{1n}x_n & = & 0 \\ \vdots & & \vdots \\ a_{m1}x_1 + \ldots + a_{mn}x_n & = & 0 \end{array} \quad .
$$

In Matrizen geschrieben:

$$
(2') \qquad AX = 0 \quad .
$$

In der Sprache der linearen Abbildungen geschrieben:

$$
(2'') \qquad \sigma(\mathfrak{x}) = \mathfrak{o} \quad .
$$

Das homogene Gleichungssystem hat stets die Lösung $x_1 = x_2 = \ldots = x_n = 0$. Diese Lösung heißt die <u>triviale Lösung.</u>

<u>Satz 3.</u> Die Lösungen eines homogenen linearen Gleichungssystems (2) vom Rang r bilden einen Vektorraum der Dimension $n - r$.

Beweis: $\mathfrak{x}$ sei Lösung von (2) $\Longleftrightarrow$ $\mathfrak{x}$ genügt (2") $\Longleftrightarrow$ $\mathfrak{x} \in \operatorname{Ker} \sigma$. $\operatorname{Ker} \sigma$ ist ein Vektorraum. Wegen $\dim(\operatorname{Ker} \sigma) + \dim(\text{Bild } \sigma) = \dim K^n = n$ ist $\dim(\operatorname{Ker} \sigma) = n - r$.

<u>Satz 4.</u> Jede Lösung $\mathfrak{y}$ des inhomogenen linearen Gleichungssystems (1) ist Summe einer speziellen Lösung $\mathfrak{y}_1$ und einer beliebigen Lösung des zugehörigen homogenen Gleichungssystems (2).

Beweis: Sei $\mathfrak{y}$ beliebige Lösung von (1) und $\mathfrak{y}_1$ spezielle Lösung von (1), dann gilt nach (2''') $\sigma(\mathfrak{y}) = \mathfrak{b}$ und $\sigma(\mathfrak{y}_1) = \mathfrak{b}$, also $\sigma(\mathfrak{y} - \mathfrak{y}_1) = \sigma(\mathfrak{y}) - \sigma(\mathfrak{y}_1) = \mathfrak{o}$, also ist $\mathfrak{y} - \mathfrak{y}_1$ eine Lösung $\mathfrak{x}$ des zugehörigen homogenen Systems (2), also $\mathfrak{y} = \mathfrak{y}_1 + \mathfrak{x}$.

Folgerung: Die Lösungen des inhomogenen linearen Gleichungssystems (1) vom Range r bilden, falls es lösbar ist, eine Restklasse

$$\mathfrak{y}_1 + T \qquad \text{mit } \dim T = n - r \quad .$$

Dabei ist T der Teilraum, der mit dem Kern der linearen Abbildung σ übereinstimmt, für die $M(\sigma)$ Matrix von (1) ist.

<u>Satz 5.</u> Ein inhomogenes lineares Gleichungssystem (1) ist genau dann eindeutig lösbar, wenn das zugehörige homogene lineare System (2) nur die triviale Lösung besitzt.

Der Beweis ist klar nach dem Vorangegangenen.

Für die numerische Bestimmung der Lösung eines Gleichungssystems gibt es mehrere Möglichkeiten. Wir geben hier nur in einem Beispiel die Bestimmung der Lösung mittels elementarer Umformungen an:

Sei das Gleichungssystem gegeben:

$$\begin{aligned} 5x_1 + 7x_2 + 15x_3 &= 6 \\ x_1 + 2x_2 + 4x_3 &= 4 \\ 2x_1 + 3x_2 + 7x_3 &= 5 \end{aligned}$$

Dann lautet die erweiterte Matrix

$$A^o = \begin{pmatrix} 5 & 7 & 15 & 6 \\ 1 & 2 & 4 & 4 \\ 2 & 3 & 7 & 5 \end{pmatrix} .$$

Elementare Umformung der Zeilen liefert nacheinander

$$A^o \curvearrowright \begin{pmatrix} 1 & 2 & 4 & 4 \\ 5 & 7 & 15 & 6 \\ 2 & 3 & 7 & 5 \end{pmatrix} \curvearrowright \begin{pmatrix} 1 & 2 & 4 & 4 \\ 3 & 4 & 8 & 1 \\ 2 & 3 & 7 & 5 \end{pmatrix}$$

$$\curvearrowright \begin{pmatrix} 1 & 2 & 4 & 4 \\ 0 & 2 & 4 & 11 \\ 0 & 1 & 1 & 3 \end{pmatrix} \curvearrowright \begin{pmatrix} 1 & 2 & 4 & 4 \\ 0 & 1 & 2 & \frac{11}{2} \\ 0 & 0 & 1 & \frac{5}{2} \end{pmatrix}$$

Da nur Zeilenumformungen verwendet wurden, lautet das Gleichungssystem nach der Umformung

$$\begin{aligned} x_1 + 2x_2 + 4x_3 &= 4 \\ x_2 + 2x_3 &= \frac{11}{2} \\ x_3 &= \frac{5}{2} \end{aligned}$$

Es ist $r(A) = 3$ nach § 7, Satz 1 und somit wegen $m = n$ nach Satz 1 und Satz 2 universell und eindeutig lösbar. Durch Einsetzen erhält man sofort

$$x_3 = \frac{5}{2} \quad ; \quad x_2 = \frac{1}{2} \quad ; \quad x_1 = -7 \quad .$$

Also lautet die Lösung: $(-7, \frac{1}{2}, \frac{5}{2})$.

§ 9 Determinanten

1. Multilinearformen

Definition: Sei V ein Vektorraum über K, dann heißt eine Abbildung f von $\underbrace{V \times V \times \dots \times V}_{n \text{ mal}}$ in K eine <u>n-fache Linearform</u> (für n = 2 eine <u>Bilinearform</u>), wenn f in jedem Argument linear ist, d. h. wenn für jedes i mit $1 \leq i \leq n$ die Abbildung f_i mit

$$f_i(\mathfrak{x}_i) = f(\mathfrak{x}_1, \dots, \mathfrak{x}_i, \dots, \mathfrak{x}_n) \qquad \mathfrak{x}_i \in V$$

bei festem $\mathfrak{x}_1, \dots, \mathfrak{x}_{i-1}, \mathfrak{x}_{i+1}, \dots, \mathfrak{x}_n$ aus V linear ist.

Im folgenden sei stets $\dim V = n$.

Beispiele:

1) Sei $V = \mathbb{R}^3$ und f die Abbildung von $V \times V$ in $\mathbb{R}$ mit

$$f(\mathfrak{x}_1, \mathfrak{x}_2) = \mathfrak{x}_1 \mathfrak{x}_2 \quad \text{(Skalares Produkt)} .$$

Dann ist f eine Bilinearform.

2) Ist f die Abbildung von $V \times V \times V$ in $\mathbb{R}$ mit

$$f(\mathfrak{x}_1, \mathfrak{x}_2, \mathfrak{x}_3) = \mathfrak{x}_1 \mathfrak{x}_2 \mathfrak{x}_3 \quad \text{(Spatprodukt)} .$$

Dann ist f eine 3-fache Linearform.

3) Sei $V = \mathbb{R}^2$ und f die Abbildung von $V \times V$ in $\mathbb{R}$ mit

$$f(\mathfrak{v}_1, \mathfrak{v}_2) = a_{11}a_{22} - a_{12}a_{21} \quad \text{für } \mathfrak{v}_1 = \begin{pmatrix} a_{11} \\ a_{21} \end{pmatrix}, \ \mathfrak{v}_2 = \begin{pmatrix} a_{12} \\ a_{22} \end{pmatrix}$$

Es ist f eine Bilinearform. Wir schreiben auch

$$f\left(\begin{pmatrix} a_{11} \\ a_{21} \end{pmatrix}, \begin{pmatrix} a_{12} \\ a_{22} \end{pmatrix}\right) = \begin{vmatrix} a_{11} & a_{12} \\ a_{21} & a_{22} \end{vmatrix} .$$

4) Sei $V = \mathbb{R}^3$ und f die Abbildung von $V \times V \times V$ in $\mathbb{R}$ mit

$$f(\mathfrak{v}_1, \mathfrak{v}_2, \mathfrak{v}_3) = a_{11}a_{22}a_{33} + a_{12}a_{23}a_{31} + a_{13}a_{21}a_{32}$$
$$- a_{13}a_{22}a_{31} - a_{12}a_{21}a_{33} - a_{11}a_{23}a_{32} .$$

Dann ist f eine 3-fache Linearform. Man schreibt auch

$$f\left(\begin{pmatrix} a_{11} \\ a_{21} \\ a_{31} \end{pmatrix}, \begin{pmatrix} a_{12} \\ a_{22} \\ a_{32} \end{pmatrix}, \begin{pmatrix} a_{13} \\ a_{23} \\ a_{33} \end{pmatrix}\right) = \begin{vmatrix} a_{11} & a_{12} & a_{13} \\ a_{21} & a_{22} & a_{23} \\ a_{31} & a_{32} & a_{33} \end{vmatrix} .$$

Definition: eine n-fache Linearform D des n-dimensionalen Vektorraumes V heißt eine <u>Determinantenform</u>, wenn gilt

[D] Sind $\mathfrak{x}_1, \ldots, \mathfrak{x}_n$ linear abhängig, so gilt $D(\mathfrak{x}_1, \ldots, \mathfrak{x}_n) = 0$.

<u>Satz 1</u>. Ist D eine Determinantenform von V, so gilt für je zwei verschiedene i,k mit $1 \leq i,k \leq n$ und jedes c aus K:

$$D(\mathfrak{x}_1, \ldots, \mathfrak{x}_i, \ldots, \mathfrak{x}_k, \ldots, \mathfrak{x}_n) = D(\mathfrak{x}_1, \ldots, \mathfrak{x}_i + c\,\mathfrak{x}_k, \ldots, \mathfrak{x}_k, \ldots, \mathfrak{x}_n)$$

Beweis nach Definition einer Multilinearform und nach D1.

2. Einschub über Permutationen

Definition: Eine bijektive Abbildung π der Menge $\{1, \ldots, n\}$ auf sich heißt eine <u>Permutation</u> der Zahlen $1, \ldots, n$.

Wie früher allgemein bewiesen wurde gilt

(A) Die Permutationen der Zahlen 1,...,n bilden eine Gruppe, bezeichnet mit S_n (genannt <u>symmetrische Gruppe</u>).

Darstellung der Permutation π als $2 \times n$ - Matrix:

$$\pi = \begin{pmatrix} 1 & \dots & n \\ \pi(1) & \dots & \pi(n) \end{pmatrix}$$

z. B. ist $\begin{vmatrix} 1 & 2 & 3 \\ 2 & 1 & 3 \end{vmatrix}$ die Permutation der Zahlen 1,2,3 , die 1 in 2 und 2 in 1 und 3 in sich überführt.

<u>Zyklus</u>: $\pi = (abc\dots r)$ bedeutet die Permutation π mit $\pi(a) = b$, $\pi(b) = c$, ... ,$\pi(r) = a$ und $\pi(x) = x$ für $x \neq a,b,c,\dots,r$.

Beispiele:

$$\pi = \begin{pmatrix} 1 & 2 & 3 & 4 & 5 & 6 \\ 2 & 4 & 3 & 5 & 1 & 6 \end{pmatrix} = (1\ 2\ 4\ 5)$$

$$\pi = \begin{pmatrix} 1 & 2 & 3 \\ 3 & 1 & 2 \end{pmatrix} = (1\ 3\ 2)$$

$$\pi = \begin{pmatrix} 1 & 2 & 3 & 4 & 5 \\ 1 & 2 & 3 & 4 & 5 \end{pmatrix} = (1)$$

Ein Zyklus (a b) heißt eine <u>Transposition</u>.

(B) Jede Permutation ist Produkt von ziffernfremden Zyklen.

Es gilt:

$$\pi = \begin{pmatrix} 1 & 2 & 3 & \dots & n \\ \pi(1) & \pi(2) & \pi(3) & \dots & \pi(n) \end{pmatrix} =$$

$$= (1)(2)\dots(i-1)(i\pi(i)\pi^2(i)\dots)(j\pi(j)\pi^2(j)\dots)\dots\ ,$$

wenn i die kleinste Zahl mit $i \neq \pi(i)$ ist und wenn j die kleinste Zahl ist mit $j > i$ und $j \neq \pi(i) \dots \pi^s(i)$ u.s.w..

Beispiele:

1) $$\begin{pmatrix} 1 & 2 & 3 & 4 & 5 \\ 1 & 2 & 4 & 5 & 3 \end{pmatrix} = (1)(2)(3\ 4\ 5) \ .$$

2) $$\begin{pmatrix} 1 & 2 & 3 & 4 & 5 & 6 & 7 & 8 \\ 2 & 4 & 3 & 8 & 1 & 7 & 6 & 5 \end{pmatrix} = (1\ 2\ 4\ 8\ 5)(3)(6\ 7) \ .$$

(C) Jeder Zyklus ist Produkt von Transpositionen.

Es ist

$$(i_1\, i_2 \dots i_k) = (i_1 \dots i_{k-1})(i_{k-1}\, i_k)$$

(Produktbildung wie bei linearen Abbildungen, der rechts stehende Faktor wird zuerst angewendet.)

Hieraus folgt (C) durch vollständige Induktion.

(D) Kein Produkt einer geraden Anzahl von Transpositionen ist gleich einem Produkt von einer ungeraden Anzahl von Transpositionen.

Beweis: Wir betrachten das Polynom f mit

$$f(x_1,\dots,x_n) = \prod_{1 \le \mu < \upsilon \le n} (x_\mu - x_\upsilon)$$

Es gilt offenbar für jede Permutation π aus S_n:

$$f(x_{\pi(1)},\dots,x_{\pi(n)}) = cf(x_1,\dots,x_n) \quad \text{mit} \quad c = \pm 1 \ .$$

Für eine Transposition τ gilt:

$$f(x_{\tau(1)},\dots,x_{\tau(n)}) = -\ f(x_1,\dots,x_n) \ .$$

Denn sei $\tau = (i\ k)$, so gilt mit $i < k$

$$f(x_1,\ldots,x_i,\ldots,x_k,\ldots,x_n) = \cdots(x_r - x_i)\cdots(x_r - x_k)\cdots(x_i - x_s)\cdots$$
$$\cdots(x_s - x_k)\cdots(x_i - x_k)\cdots(x_i - x_m)\cdots(x_k - x_m)\cdots(x_{n-1} - x_n)$$

und

$$f(x_1,\ldots,x_k,\ldots,x_i,\ldots,x_n) = \cdots(x_r - x_k)\cdots(x_r - x_i)\cdots(x_k - x_s)\cdots$$
$$\cdots(x_s - x_i)\cdots(x_k - x_i)\cdots(x_k - x_m)\cdots(x_i - x_m)\cdots(x_{n-1} - x_n) \;:$$

Wegen $(x_k - x_s) = -(x_s - x_k)$ und $(x_s - x_i) = -(x_i - x_s)$ und $(x_k - x_i) = -(x_i - x_k)$ folgt hieraus die Behauptung.

Setzen wir nun

$$\operatorname{sgn} \pi = c \quad , \text{ wenn } f(x_{\pi(1)},\ldots,x_{\pi(n)}) = c f(x_1,\ldots,x_n) \quad ,$$

so gilt

$$\operatorname{sgn} \pi\pi' = \operatorname{sgn} \pi \operatorname{sgn} \pi'$$

und

$$f(x_{\pi(1)},\ldots,x_{\pi(n)}) = \operatorname{sgn} \pi\, f(x_1,\ldots,x_n) \quad .$$

(sgn π wird gelesen als signum π).

Nennen wir nun ein Produkt einer geraden Anzahl von Transpositionen eine <u>gerade Permutation</u>, ein Produkt einer ungeraden Anzahl von Transpositionen eine <u>ungerade Permutation</u>, so gilt

$$\operatorname{sgn} \pi = \begin{cases} -1 & , \text{ wenn } \pi \text{ ungerade} \\ +1 & , \text{ wenn } \pi \text{ gerade} \;. \end{cases}$$

Hieraus folgt sofort (D).

<u>Satz 2.</u> Ist $\pi \in S_n$, so gilt für eine Determinantenform D:

$$D(\mathfrak{x}_{\pi(1)},\ldots,\mathfrak{x}_{\pi(n)}) = (\operatorname{sgn}\pi) D(\mathfrak{x}_1,\ldots,\mathfrak{x}_n) .$$

Es genügt nach (C), den Beweis für Transpositionen zu führen.

$D(\mathfrak{x}_1,\ldots,\mathfrak{x}_i,\ldots,\mathfrak{x}_k,\ldots,\mathfrak{x}_n) = D(\ldots,\mathfrak{x}_i+\mathfrak{x}_k,\ldots,\mathfrak{x}_k,\ldots)$

$= D(\ldots,\mathfrak{x}_i+\mathfrak{x}_k,\ldots,-\mathfrak{x}_i,\ldots) = D(\ldots,\mathfrak{x}_k,\ldots,-\mathfrak{x}_i,\ldots)$

$= -D(\ldots,\mathfrak{x}_k,\ldots,\mathfrak{x}_i,\ldots)$.

3. Existenz und Eindeutigkeit von Determinantenformen

Vorbemerkung: Eine lineare Abbildung ist eindeutig festgelegt, wenn ihre Wirkung auf einer Basis bekannt ist. Sind Bildvektoren der Basis willkürlich vorgegeben, so existiert genau eine lineare Abbildung, die die Basis in die entsprechenden Bildvektoren überführt.

Entsprechendes gilt für Multilinearformen, für Determinantenformen darüber hinaus, daß nur $D(\mathfrak{v}_1,\ldots,\mathfrak{v}_n)$ für die Basis $\mathfrak{v}_1,\ldots,\mathfrak{v}_n$ bekannt zu sein braucht:

Sei D eine beliebige Determinantenform und $\mathfrak{v}_1,\ldots,\mathfrak{v}_n$ eine Basis von V. Sei $\mathfrak{x}_1,\ldots,\mathfrak{x}_n$ ein beliebiges n-Tupel von Vektoren aus V und

(1) $$\mathfrak{x}_i = \sum_{v_i=1}^{n} x_{iv_i}\mathfrak{v}_{v_i} \qquad i = 1,\ldots,n \quad .$$

Dann gilt nach Multilinearität für D:

(2) $$D(\mathfrak{x}_1,\ldots,\mathfrak{x}_n) = \sum_{v_1=1}^{n} \cdots \sum_{v_n=1}^{n} x_{1v_1}x_{2v_2}\cdots x_{nv_n} D(\mathfrak{v}_{v_1},\ldots,\mathfrak{v}_{v_n}) .$$

Zum Beispiel ist: $D(\mathfrak{x}_1, \mathfrak{x}_2) = D(\sum_{i=1}^{2} x_{1i}\mathfrak{v}_i \, , \sum_{k=1}^{2} x_{2k}\mathfrak{v}_k) =$

$D(x_{11}\mathfrak{v}_1 + x_{12}\mathfrak{v}_2 \, , x_{21}\mathfrak{v}_1 + x_{22}\mathfrak{v}_2) = x_{11}x_{21}D(\mathfrak{v}_1, \mathfrak{v}_1) +$

$x_{12}x_{21}D(\mathfrak{v}_2, \mathfrak{v}_1) + x_{11}x_{22}D(\mathfrak{v}_1, \mathfrak{v}_2) + x_{12}x_{22}D(\mathfrak{v}_2, \mathfrak{v}_2) =$

$x_{11}x_{22}D(\mathfrak{v}_1, \mathfrak{v}_2) + x_{12}x_{21}D(\mathfrak{v}_2, \mathfrak{v}_1) =$

$$\begin{vmatrix} x_{11} & x_{12} \\ x_{21} & x_{22} \end{vmatrix} \cdot D(\mathfrak{v}_1, \mathfrak{v}_2) \quad .$$

Sind in $D(\mathfrak{v}_{v_1},\ldots, \mathfrak{v}_{v_n})$ nicht alle $\mathfrak{v}_{v_i}$ verschieden, ist $D(\mathfrak{v}_{v_1},\ldots, \mathfrak{v}_{v_n}) = 0$ nach [D]. Es bleiben also in (2) nur die Summanden stehen, in denen $D(\mathfrak{v}_{v_1},\ldots, \mathfrak{v}_{v_n})$ für eine Permutation der $\mathfrak{v}_1,\ldots, \mathfrak{v}_n$ steht. Also gibt es eine Permutation $\pi \in S_n$ mit $\pi(i) = v_i$, und aus (2) wird:

$$(3) \qquad D(\mathfrak{x}_1,\ldots,\mathfrak{x}_n) = \sum_{\pi \in S_n} x_{1\pi(1)}x_{2\pi(2)}\cdots x_{n\pi(n)}D(\mathfrak{v}_{\pi(1)},\ldots,\mathfrak{v}_{\pi(n)})$$

Nach Satz 2 ist weiter $D(\mathfrak{v}_{\pi(1)},\ldots, \mathfrak{v}_{\pi(n)}) = (\operatorname{sgn} \pi)D(\mathfrak{v}_1,\ldots,\mathfrak{v}_n)$, also gilt:

$$(4) \qquad \boxed{D(\mathfrak{x}_1,\ldots,\mathfrak{x}_n) = \sum_{\pi \in S_n} (\operatorname{sgn} \pi)x_{1\pi(1)}x_{2\pi(2)}\cdots x_{n\pi(n)}D(\mathfrak{v}_1,\ldots,\mathfrak{v}_n)}$$

<u>Satz 3</u>. Seien V ein n-dimensionaler Vektorraum über K, $\mathfrak{v}_1,\ldots,\mathfrak{v}_n$ linear unabhängige Vektoren aus V und $r \in K$. Dann gibt es eine und nur eine Determinantenform D mit $D(\mathfrak{v}_1,\ldots, \mathfrak{v}_n) = r$.

Beweis: A) (Existenz): Wir definieren die Abbildung $\overline{D}$ von $\underbrace{V \times V \times \ldots \times V}_{n \text{ mal}}$ in K durch

(5) $$\overline{D}(\mathfrak{x}_1,\ldots,\mathfrak{x}_n) = \sum_{\pi\in S_n} (\operatorname{sgn}\pi) x_{1\pi(1)}\cdots x_{n\pi(n)}\cdot r ,$$

wobei (1) die Basisdarstellungen der $\mathfrak{x}_i$ in der Basis $\mathfrak{v}_1,\ldots,\mathfrak{v}_n$ sind. Es gilt offenbar $\overline{D}(\mathfrak{v}_1,\ldots,\mathfrak{v}_n) = r$. Offenbar ist $\overline{D}$ Multilinearform. $\overline{D}$ ist Determinantenform, denn es gilt [D] für sie. Zunächst zeigen wir:

(i) $$\overline{D}(\mathfrak{x}_2,\mathfrak{x}_2,\mathfrak{x}_3,\ldots,\mathfrak{x}_n) = 0$$

Sei $\pi_o = (1\ \ 2)$, dann ist $\pi\pi_o$ eine ungerade Permutation, wenn π gerade ist, und umgekehrt $\pi\pi_o$ gerade, wenn π ungerade ist. Ist A_n die Menge aller geraden Permutationen, so ist $A_n\pi_o$ die Menge aller ungeraden. Für $\rho = \pi\pi_o$ gilt:

$$x_{2\pi(1)}\, x_{2\pi(2)}\, x_{3\pi(3)} \cdots x_{n\pi(n)} = x_{2\rho(1)}x_{2\rho(2)}x_{3\rho(3)}\cdots x_{n\rho(n)}$$

wegen $\pi(1) = \rho(2)$ und $\pi(2) = \rho(1)$ und $\pi(i) = \rho(i)$ für $i = 3,\ldots,n$. Mithin gilt

$$\overline{D}(\mathfrak{x}_2,\mathfrak{x}_2,\mathfrak{x}_3,\ldots,\mathfrak{x}_n) = \sum_{\pi\in S_n} (\operatorname{sgn}\pi)x_{2\pi(1)}x_{2\pi(2)}\cdots x_{n\pi(n)}\cdot r =$$

$$r\cdot\Big(\sum_{\pi\in A_n}(\operatorname{sgn}\pi)x_{2\pi(1)}x_{2\pi(2)}\cdots x_{n\pi(n)} + \sum_{\rho\in A_n\pi_o}(\operatorname{sgn}\rho)x_{2\rho(1)}\cdots x_{n\rho(n)}\Big)$$

$$= r\cdot \sum_{\pi\in A_n} x_{2\pi(1)}\, x_{2\pi(2)} \cdots x_{n\pi(n)} -$$

$$r\cdot \sum_{\rho=\pi\pi_o} x_{2\rho(1)}\, x_{2\rho(2)} \cdots x_{n\rho(n)} = 0 \quad .$$

Sind nun $\mathfrak{x}_1,\ldots,\mathfrak{x}_n$ beliebige linear abhängige Vektoren aus V , so läßt sich die Behauptung $\overline{D}(\mathfrak{x}_1,\ldots,\mathfrak{x}_n) = 0$ nach Satz 1 und 2 sofort auf (i) zurückführen. Also ist $\overline{D}$ eine Determinantenform D mit $D(\mathfrak{v}_1,\ldots,\mathfrak{v}_n) = r$.

B) (Eindeutigkeit): Seien D,D' zwei Determinantenformen mit $D(\mathfrak{v}_1,\ldots,\mathfrak{v}_n) = D'(\mathfrak{v}_1,\ldots,\mathfrak{v}_n)$. Dann gilt nach (4) $D(\mathfrak{x}_1,\ldots,\mathfrak{x}_n) = D'(\mathfrak{x}_1,\ldots,\mathfrak{x}_n)$ für alle $\mathfrak{x}_1,\ldots,\mathfrak{x}_n \in V$, also $D = D'$.

Definition: Eine Determinantenform D heißt <u>normiert</u> (für die Basis $\mathfrak{v}_1,\ldots,\mathfrak{v}_n$), wenn $D(\mathfrak{v}_1,\ldots,\mathfrak{v}_n) = 1$ gilt. Eine Determinantenform D heißt <u>Nullform</u>, wenn $D(\mathfrak{x}_1,\ldots,\mathfrak{x}_n) = 0$ für alle $\mathfrak{x}_1,\ldots,\mathfrak{x}_n$ aus V gilt. (Bezeichnung $D = 0$).

Es ist $D = 0$ genau dann, wenn $D(\mathfrak{v}_1,\ldots,\mathfrak{v}_n) = 0$ für eine Basis $\mathfrak{v}_1,\ldots,\mathfrak{v}_n$ ist.

<u>Satz 4.</u> Ist D eine Determinantenform $\neq 0$, so ist $D(\mathfrak{x}_1,\ldots,\mathfrak{x}_n) = 0$ genau dann, wenn $\mathfrak{x}_1,\ldots,\mathfrak{x}_n$ linear abhängig sind.

Beweis: Sind $\mathfrak{x}_1,\ldots,\mathfrak{x}_n$ linear abhängig $\curvearrowright$ nach [D] $D(\mathfrak{x}_1,\ldots,\mathfrak{x}_n) = 0$. Sei umgekehrt $D(\bar{\mathfrak{x}}_1,\ldots,\bar{\mathfrak{x}}_n) = 0$. Wären $\bar{\mathfrak{x}}_1,\ldots,\bar{\mathfrak{x}}_n$ linear unabhängig $\curvearrowright$ $\bar{\mathfrak{x}}_1,\ldots,\bar{\mathfrak{x}}_n$ ist Basis von V $\curvearrowright$ $D = 0$ nach (4) mit $\mathfrak{v}_i = \bar{\mathfrak{x}}_i$, Widerspruch.

Wir rechnen als Beispiel eine normierte Determinantenform für Tripel von Vektoren aus:

Es ist $D(\mathfrak{x}_1,\mathfrak{x}_2,\mathfrak{x}_3) = \sum_{\pi\in S_n} (x_{1\pi(1)}\, x_{2\pi(2)}\, x_{3\pi(3)}) \operatorname{sgn} \pi$. Die geraden Permutationen in der Gruppe S_3 sind (1 2 3) , (1) , (1 3 2), die ungeraden Permutationen (1 2) , (1 3) , (2 3) . Also ergibt sich:

$$\sum_{\pi\in S_n} (x_{1\pi(1)}\, x_{2\pi(2)}\, x_{3\pi(3)}) \operatorname{sgn} \pi = x_{12}x_{23}x_{31} + x_{11}x_{22}x_{33} + x_{13}x_{21}x_{32} - \ldots$$

$$= \begin{vmatrix} x_{11} & x_{12} & x_{13} \\ x_{21} & x_{22} & x_{23} \\ x_{31} & x_{32} & x_{33} \end{vmatrix} .$$

<u>Satz 5.</u> Seien D,D' zwei Determinantenformen und $D' \neq 0$. Dann gibt es ein c mit

$$D(\mathfrak{x}_1,\ldots,\mathfrak{x}_n) = cD'(\mathfrak{x}_1,\ldots,\mathfrak{x}_n) \qquad \forall\, \mathfrak{x}_i \text{ aus } V .$$

Beweis: Da $D' \neq 0$, ist $D'(\mathfrak{v}_1,\ldots,\mathfrak{v}_n) \neq 0$, also dürfen wir

setzen $c = \dfrac{D(\mathfrak{v}_1,\ldots,\mathfrak{v}_n)}{D'(\mathfrak{v}_1,\ldots,\mathfrak{v}_n)} \curvearrowright D(\mathfrak{x}_1,\ldots,\mathfrak{x}_n) =$

$$\left(\sum_{\pi \in S_n} (\operatorname{sgn} \pi) x_{1\pi(1)} \cdots x_{n\pi(n)}\right) D(\mathfrak{v}_1,\ldots,\mathfrak{v}_n) =$$

$$\left(\sum_{\pi \in S_n} (\operatorname{sgn} \pi) x_{1\pi(1)} \cdots x_{n\pi(n)}\right) cD'(\mathfrak{v}_1,\ldots,\mathfrak{v}_n) = cD'(\mathfrak{x}_1,\ldots,\mathfrak{x}_n) .$$

4. Determinante eines Endomorphismus

Definition: Sei V ein n-dimensionaler Vektorraum mit der Basis $\mathfrak{v}_1,\ldots,\mathfrak{v}_n$ und $\varphi \in \mathrm{Hom}(V,V)$ und D eine für $\mathfrak{v}_1,\ldots,\mathfrak{v}_n$ normierte Determinantenform. Dann heißt

$$\det \varphi = D(\varphi(\mathfrak{v}_1), \ldots, \varphi(\mathfrak{v}_n))$$

die <u>Determinante des Endomorphismus</u> φ von V .

Daß die Definition unabhängig von der Basis ist, folgt aus

(E) Sind D,D' die normierten Determinantenformen für die Basen $\mathfrak{v}_1,\ldots,\mathfrak{v}_n$ bzw. $\mathfrak{v}'_1,\ldots,\mathfrak{v}'_n$, so gilt für $\varphi \in \mathrm{Hom}(V,V)$:

$$D(\varphi(\mathfrak{v}_1),\ldots,\varphi(\mathfrak{v}_n)) = D'(\varphi(\mathfrak{v}'_1),\ldots,\varphi(\mathfrak{v}'_n)) .$$

Beweis: Es ist $D,D' \neq 0$. Nach Satz 5 gibt es ein c mit

$$D'(\mathfrak{x}_1,\ldots,\mathfrak{x}_n) = cD(\mathfrak{x}_1,\ldots,\mathfrak{x}_n) \qquad \forall\, \mathfrak{x}_i \in V .$$

Ferner ist D" mit

$$D''(\mathfrak{x}_1,\ldots,\mathfrak{x}_n) = D(\varphi(\mathfrak{x}_1),\ldots,\varphi(\mathfrak{x}_n)) \qquad \forall \mathfrak{x}_i \text{ aus } V$$

eine Determinantenform, denn D" ist offenbar multilinear; und sind $\mathfrak{x}_1,\ldots,\mathfrak{x}_n$ linear abhängig, so sind auch $\varphi(\mathfrak{x}_1),\ldots,\varphi(\mathfrak{x}_n)$ linear abhängig, also ist $D(\varphi(\mathfrak{x}_1),\ldots,\varphi(\mathfrak{x}_n)) = 0$, und damit $D''(\mathfrak{x}_1,\ldots,\mathfrak{x}_n) = 0$. Also gibt es nach Satz 5 ein c' mit

$$D''(\mathfrak{x}_1,\ldots,\mathfrak{x}_n) = c'D(\mathfrak{x}_1,\ldots,\mathfrak{x}_n) \qquad \forall \mathfrak{x}_i \text{ aus } V .$$

Mithin gilt:

$$D'(\varphi(\mathfrak{v}_1'),\ldots,\varphi(\mathfrak{v}_n')) = cD(\varphi(\mathfrak{v}_1'),\ldots,\varphi(\mathfrak{v}_n')) =$$
$$cD''(\mathfrak{v}_1',\ldots,\mathfrak{v}_n') = cc'D(\mathfrak{v}_1',\ldots,\mathfrak{v}_n') = c'(cD(\mathfrak{v}_1',\ldots,\mathfrak{v}_n')) =$$
$$c'D'(\mathfrak{v}_1',\ldots,\mathfrak{v}_n') = c' = c'D(\mathfrak{v}_1,\ldots,\mathfrak{v}_n) = D''(\mathfrak{v}_1,\ldots,\mathfrak{v}_n) =$$
$$D(\varphi(\mathfrak{v}_1),\ldots,\varphi(\mathfrak{v}_n)) \text{ , q. e. d.}$$

<u>Satz 6.</u> Sei V ein n-dimensionaler Vektorraum und φ, ψ Endomorphismen von V .

(a) Genau dann ist φ Automorphismus, wenn $\det \varphi \neq 0$.

(b) Es gilt $\det(\varphi\psi) = (\det \varphi)(\det \psi)$.

(c) Aus $\varphi = 1$ folgt $\det \varphi = 1$.

(d) Ist φ Automorphismus, so ist $\det(\varphi^{-1}) = (\det \varphi)^{-1}$.

Beweis: Sei $\mathfrak{v}_1,\ldots,\mathfrak{v}_n$ Basis von V .

(a) φ sei Automorphismus $\curvearrowleft\!\curvearrowright$ $\varphi(\mathfrak{v}_1),\ldots,\varphi(\mathfrak{v}_n)$ linear unabhängig $\curvearrowleft\!\curvearrowright$ $D(\varphi(\mathfrak{v}_1),\ldots,\varphi(\mathfrak{v}_n)) \neq 0$ $\curvearrowleft\!\curvearrowright$ $\det \varphi \neq 0$.

(b) Ist ψ nicht Automorphismus $\curvearrowright$ $\varphi\psi$ ist nicht Automorphismus $\overset{(a)}{\curvearrowright}$ $\det \psi = 0$ und $\det \varphi\psi = 0$ $\curvearrowright$ $\det \varphi\psi = 0 = (\det \varphi)\cdot 0 = \det \varphi \det \psi$.

Ist ψ Automorphismus $\curvearrowright$ $\det \psi \neq 0$ $\curvearrowright$ $D(\psi(\mathfrak{v}_1),\ldots,\psi(\mathfrak{v}_n)) \neq 0$

$\curvearrowright$ det $\varphi\psi = D(\varphi\psi(\mathfrak{v}_1),\ldots,\varphi\psi(\mathfrak{v}_n)) =$

$$\frac{D(\varphi\psi(\mathfrak{v}_1),\ldots,\varphi\psi(\mathfrak{v}_n))}{D(\psi(\mathfrak{v}_1),\ldots,\psi(\mathfrak{v}_n))}\, D(\psi(\mathfrak{v}_1),\ldots,\psi(\mathfrak{v}_n))$$

Der zweite Faktor ist offenbar det ψ, und der erste det φ, denn die Abbildung D' mit

$$D'(\mathfrak{e}_1,\ldots,\mathfrak{e}_n) = \frac{D(\mathfrak{e}_1,\ldots,\mathfrak{e}_n)}{D(\psi(\mathfrak{v}_1),\ldots,\psi(\mathfrak{v}_n))}$$

ist für die Basis $\psi(\mathfrak{v}_1),\ldots,\psi(\mathfrak{v}_n)$ eine normierte Determinantenform, also ist $D'(\varphi(\psi(\mathfrak{v}_1)),\ldots,\varphi(\psi(\mathfrak{v}_n))) = \det\varphi$.

(c) $\det 1 = D(\mathfrak{v}_1,\ldots,\mathfrak{v}_n) = 1$.

(d) $1 = \det 1 = \det(\varphi\varphi^{-1}) = \det\varphi\,\det(\varphi^{-1})$ $\curvearrowright$ $\det(\varphi^{-1}) = (\det\varphi)^{-1}$.

5. Determinante einer Matrix

Definition: Ist $A = (a_{ik})$ eine $n \times n$ - Matrix, so heißt

$$\sum_{\pi\in S_n} (\operatorname{sgn}\pi)\, a_{1\pi(1)} \cdots a_{n\pi(n)}$$

die Determinante der Matrix A , bezeichnet mit det A . Geschrieben wird sie auch $|a_{ik}|$ bzw. in ausgeschriebener Form

$$\begin{vmatrix} a_{11} & \cdots & a_{1n} \\ \vdots & & \vdots \\ a_{n1} & \cdots & a_{nn} \end{vmatrix}$$

(F) Ist V ein n-dimensionaler Vektorraum und $\mathfrak{v}_1,\ldots,\mathfrak{v}_n$ eine Basis von V und φ ein Endomorphismus von V , endlich $M(\varphi) = M(\varphi, \mathfrak{v}_i, \mathfrak{v}_i)$ die Matrix von φ , so gilt

$$\boxed{\det M(\varphi) = \det \varphi} \quad .$$

Beweis: Die Matrix $M(\varphi)$ bestimmt sich aus $\varphi(\mathfrak{v}_i) = \sum_{k=1}^{n} a_{ik}\mathfrak{v}_k$ $\curvearrowright$ $M(\varphi) = (a_{ik})$. Ferner ist nach (4) für die Determinantenform D, normiert für $\mathfrak{v}_1,\ldots,\mathfrak{v}_n$: $\det\varphi = D(\varphi(\mathfrak{v}_1),\ldots,\varphi(\mathfrak{v}_n)) = \sum_{\pi\in S_n} (\operatorname{sgn}\pi) a_{1\pi(1)} \cdots a_{n\pi(n)} = \det M(\varphi)$.

Satz 7. Für die Determinante von $n \times n$ - Matrizen gilt:

(a) $\det A = \det A'$.

(b) Vertauscht man in der Matrix A zwei Zeilen (Spalten), so ändert $\det A$ das Vorzeichen.

(c) Addiert man zu einer Zeile (Spalte) der Matrix A eine Linearkombination der übrigen, so ändert sich $\det A$ nicht.

(d) Multipliziert man eine Zeile (Spalte) der Matrix A mit c aus K , so wird $\det A$ mit c multipliziert.

(e) Sind in der Matrix A die Zeilen (Spalten) linear abhängig, so ist $\det A = 0$.

(f) $\det (cA) = c^n \det A$.

(g) $\det A^{-1} = (\det A)^{-1}$.

(h) $\det A\cdot B = \det A \det B$.

(i) Für die Einheitsmatrix E gilt $\det E = 1$.

Beweis: Zu (a): Es ist $\det A = \sum_{\pi\in S_n} (\operatorname{sgn}\pi) a_{1\pi(1)} \cdots a_{n\pi(n)}$ und

$\det A' = \sum_{\rho\in S_n} (\operatorname{sgn}\rho) a_{\rho(1)1} \cdots a_{\rho(n)n}$. Es gilt aber

$a_{1\pi(1)} \cdots a_{n\pi(n)} = a_{\pi^{-1}(1)1} \cdots a_{\pi^{-1}(n)n}$, denn zu jedem i existiert

ein j mit $i = \pi^{-1}(j)$, mithin ist $\pi(i) = j$, also $a_{i\pi(i)} = a_{\pi^{-1}(j)j}$.
Da es zu jedem i genau ein j mit $i = \pi^{-1}(j)$ gibt, und j alle Zahlen $1,\dots,n$ durchläuft, wenn i alle Zahlen $1,\dots,n$ durchläuft, gilt die behauptete Gleichung. Mithin ist

$$\det A = \sum_{\pi\in S_n} (\operatorname{sgn}\pi) a_{1\pi(1)} \dots a_{n\pi(n)} = \sum_{\pi\in S_n} (\operatorname{sgn}\pi) a_{\pi^{-1}(1)1} \dots a_{\pi^{-1}(n)n}$$

$$= \sum_{\pi\in S_n} (\operatorname{sgn}\pi^{-1}) a_{\pi^{-1}(1)1} \dots a_{\pi^{-1}(n)n}$$

$$= \sum_{\pi^{-1}\in S_n} (\operatorname{sgn}\pi^{-1}) a_{\pi^{-1}(1)1} \dots a_{\pi^{-1}(n)n} = \det A' .$$

Zu (b): Sei $A = M(\varphi, \mathfrak{v}_i, \mathfrak{v}_i)$, dann entspricht der Vertauschung der Zeilen i,k in A ein Vertauschen der Vektoren $\varphi(\mathfrak{v}_i), \varphi(\mathfrak{v}_k)$

$\curvearrowright$ $\det A = \det M(\varphi) = D(\varphi(\mathfrak{v}_1),\dots,\varphi(\mathfrak{v}_n)) =$
$- D(\varphi(\mathfrak{v}_1),\dots,\varphi(\mathfrak{v}_k),\dots,\varphi(\mathfrak{v}_i),\dots,\varphi(\mathfrak{v}_n)) = -\det A$.

(c), (d) folgen entsprechend, (e) folgt nach Definition einer Determinantenform und (4). (f), (g), (h), (i) ergeben sich nach dem Bewiesenen und Satz 6.

6. Berechnung von Determinanten

Die in Satz 7 (b) und (c) genannten speziellen elementaren Umformungen einer Matrix wollen wir auch kurz Determinantenumformungen nennen.

Satz 8. Jede $n \times n$ - Matrix A läßt sich durch Determinantenumformungen in eine Matrix B der Form

$$B = \begin{pmatrix} b_{11} & b_{12} & b_{13} & \cdots & b_{1n} \\ & b_{22} & b_{23} & \cdots & b_{2n} \\ & & \cdot & & \\ & & & \cdot & \\ & & & & \cdot \\ 0 & & & & b_{nn} \end{pmatrix}$$

überführen. Kommen unter den Determinantenumformungen k Zeilen- oder Spaltenvertauschungen vor, so gilt

$$\det A = (-1)^k \det B = (-1)^k \, b_{11} b_{22} \cdots b_{nn} \quad .$$

<u>Beweis</u>: Klar ist, daß $\det A = (-1)^k \det B$. Es gilt nun $\det B = \sum\limits_{\pi \in S_n} (\operatorname{sgn} \pi) b_{1\pi(1)} \cdots b_{n\pi(n)}$. Ist $\pi \neq 1$, so gibt es mindestens ein i mit $i > \pi(i)$. Für dieses i ist $b_{i\pi(i)} = 0$, also $b_{1\pi(1)} \cdots b_{n\pi(n)} = 0$ für $\pi \neq 1$. Hieraus folgt $\det B = b_{11} b_{22} \cdots b_{nn}$ wegen $\operatorname{sgn}(1) = 1$.

Anderes Berechnungsverfahren (welches auch für theoretische Überlegungen besondere Bedeutung hat):

Sei $A = (a_{ij})$ eine $n \times n$ - Matrix. Wir bilden

$$A_{ij} = \begin{pmatrix} a_{11} & 0 & a_{1n} \\ 0 & 1 & 0 \\ a_{n1} & 0 & a_{nn} \end{pmatrix} \text{— i-te Zeile}$$

$$\qquad\qquad\text{j-te Spalte}$$

d. h. wir ersetzen die j-te Spalte durch $\begin{matrix} 0 \\ \vdots \\ 1 \\ \vdots \\ 0 \end{matrix}$ und die i-te Zeile durch

0...1...0 , wobei die 1 an der Stelle von a_{ij} steht.

Definition: det A_{ij} heißt eine <u>Unterdeterminante</u> von A , und die Matrix $(\det A_{ij})'$ die zu A <u>adjungierte Matrix</u>, bezeichnet mit ad A.

<u>Satz 9.</u> Es gilt für eine n × n - Matrix:

$$\boxed{A\cdot \text{ad } A = E\cdot \det A} \quad .$$

Beweis: Sind $\mathfrak{a}_1,\ldots,\mathfrak{a}_n$ die Zeilenvektoren von A und D eine normierte Determinantenform von $V = K^n$, $\mathfrak{e}_1,\ldots,\mathfrak{e}_n$ die "Einheitsvektoren" in V , so gilt nach Satz 7, (c):

$$(6) \qquad \det A_{ij} = D(\mathfrak{a}_1,\ldots,\mathfrak{a}_{i-1},\mathfrak{e}_j,\mathfrak{a}_{i+1},\ldots,\mathfrak{a}_n) \quad .$$

Also wird

$$(7) \quad \sum_{k=1}^{n} a_{ik} \det A_{jk} = \sum_{k=1}^{n} a_{ik} D(\mathfrak{a}_1,\ldots,\mathfrak{a}_{j-1},\mathfrak{e}_k,\mathfrak{a}_{j+1},\ldots,\mathfrak{a}_n)$$

$$= D(\mathfrak{a}_1,\ldots,\mathfrak{a}_{j-1},\sum_{k=1}^{n} a_{ik}\,\mathfrak{e}_k,\mathfrak{a}_{j+1},\ldots,\mathfrak{a}_n)$$

$$= D(\mathfrak{a}_1,\ldots,\mathfrak{a}_{j-1},\mathfrak{a}_i,\mathfrak{a}_{j+1},\ldots,\mathfrak{a}_n) = \delta_{ij} \det A \quad .$$

Damit ist Satz 9 bewiesen.

Nach Satz 9 läßt sich die zu einer regulären n × n - Matrix A inverse Matrix leicht aufschreiben:

Setzen wir $A'' = \frac{1}{\det A}\text{ ad } A$, so wird $A\cdot A'' = A\cdot(\frac{1}{\det A}\text{ ad } A) = (A\cdot \text{ad } A)\frac{1}{\det A} = E\cdot(\det A)\frac{1}{\det A} = E$. Also gilt

$$\boxed{A^{-1} = \frac{1}{\det A}\text{ ad } A} \quad , \text{ wenn } \det A \neq 0 \quad .$$

Definition: Sei A eine $n \times n$ - Matrix. Dann heißt die Matrix, die aus A durch Streichen der i-ten Zeile und der j-ten Spalte entsteht, eine Streichungsmatrix von A, bezeichnet mit S_{ij}.

Satz 10. Es gilt für die Unterdeterminante $\det A_{ik}$ und die Streichungsmatrix S_{ik} einer $n \times n$ - Matrix A:

$$\boxed{\det A_{ik} = (-1)^{i+k} \det S_{ik}} \quad .$$

Beweis: Sei zunächst $i = k = 1$. Dann wird behauptet, daß $\det A_{11} = \det S_{11}$ ist. Nun ist aber

$$\det A_{11} = \sum_{\pi \in S_n} (\operatorname{sgn} \pi) \delta_{1\pi(1)} a_{2\pi(2)} \cdots a_{n\pi(n)}$$

wegen $a_{1\pi(1)} = \delta_{1\pi(1)}$. Also treten nur Glieder auf, für die $\pi(1) = 1$ ist. Mithin ist

$$\det A_{11} = \sum_{\substack{\pi \in S_n \\ \pi(1)=1}} (\operatorname{sgn} \pi) a_{2\pi(2)} \cdots a_{n\pi(n)} \quad .$$

Offenbar steht rechts $\det S_{11}$.

Ist $i \neq 1$ oder $k \neq 1$, so vertauschen wir Zeilen und Spalten, bis "A_{11}" entsteht. Da man $(i + k)$mal vertauschen muß, gilt Satz 10.

Satz 11. (LAPLACEscher Entwicklungssatz) Ist $A = (a_{ik})$ eine $n \times n$-Matrix und sind S_{ik} die Streichungsmatrizen von A, so gilt für jedes i mit $1 \leqq i \leqq n$:

$$\det A = \sum_{k=1}^{n} (-1)^{i+k} a_{ik} \det S_{ik}$$

(Entwicklung der Determinante nach der i-ten Zeile!).

$$\det A = \sum_{k=1}^{n} (-1)^{i+k} a_{ki} \det S_{ki}$$

(Entwicklung nach der i-ten Spalte).

Beweis: Nach Satz 9 ist $A \cdot \text{ad}\, A = E \det A$, also für $A \cdot \text{ad}\, A = (c_{ik})$ dann $c_{ii} = \det A$ für jedes i mit $1 \leqq i \leqq n$. Mithin gilt für $1 \leqq i \leqq n$:

$$\det A = c_{ii} = \sum_{k=1}^{n} a_{ik} \det A_{ik} = \sum_{k=1}^{n} (-1)^{i+k} a_{ik} \det S_{ik},$$

letzteres nach Satz 10.

Analog schließt man für Entwicklung nach einer Spalte.

Beispiel:

Entwicklung von $\det A = \begin{vmatrix} a_{11} & a_{12} & a_{13} \\ a_{21} & a_{22} & a_{23} \\ a_{31} & a_{32} & a_{33} \end{vmatrix}$ nach der ersten Zeile:

$$\det A = (-1)^{1+1} a_{11} S_{11} + (-1)^{1+2} a_{12} S_{12} + (-1)^{1+3} a_{13} S_{13}$$

$$= a_{11} \begin{vmatrix} a_{22} & a_{23} \\ a_{32} & a_{33} \end{vmatrix} - a_{12} \begin{vmatrix} a_{21} & a_{23} \\ a_{31} & a_{33} \end{vmatrix} + a_{13} \begin{vmatrix} a_{21} & a_{22} \\ a_{31} & a_{32} \end{vmatrix}.$$

7. CRAMERsche Regel

<u>Satz 12</u>. (CRAMERscher Regel) Sei $A = (a_{ik})$ eine $n \times n$ - Matrix mit $\det A \neq 0$ und $B = \begin{pmatrix} b_1 \\ \vdots \\ b_n \end{pmatrix}$ eine $n \times 1$ - Matrix, dann gilt für die Lösung $X = \begin{pmatrix} x_1 \\ \vdots \\ x_n \end{pmatrix}$ des Gleichungssystems $AX = B$:

$$\boxed{x_i = \frac{\det C_i}{\det A}},$$

wenn C_i die Matrix $\begin{pmatrix} a_{11} & \dots & b_1 & \dots & a_{1n} \\ \vdots & & & & \\ a_{n1} & \dots & b_n & \dots & a_{nn} \end{pmatrix}$ ist .

(mit $b_1, \dots, b_n$ in der i-ten Spalte)

Beweis: Da $\det A \neq 0$ ist, ist A regulär, also existiert A^{-1}, und es gilt $A^{-1} = \frac{\text{ad } A}{\det A}$, mithin

$$X = A^{-1}(AX) = A^{-1} B = \frac{(\text{ad } A)\cdot B}{\det A} .$$

Sind also c_i die Elemente der Matrix $(\text{ad } A)\cdot B$, so gilt

$$x_i = \frac{c_i}{\det A} .$$

Nun ist nach Satz 10:

$$c_i = \sum_{k=1}^{n} (\det A_{ki}) b_k = \sum_{k=1}^{n} b_k (-1)^{i+k} \det S_{ki} .$$

Andererseits gilt nach Satz 11 für die Entwicklung von $\det C_i$ nach der i-ten Spalte

$$\det C_i = \sum_{k=1}^{n} (-1)^{i+k} b_k \det S_{ki} ,$$

mithin ist $c_i = \det C_i$, und der Satz 12 bewiesen.

Definition: Sei A eine $m \times n$ - Matrix und B eine $k \times k$ - Matrix, die aus A durch Auswählen von k Spalten in einer aus k Zeilen von A bestehenden $k \times n$ - Matrix entsteht. Dann heißt $\det B$ eine k-reihige <u>Unterdeterminante</u> von A .

Satz 13. Sei A eine $m \times n$ - Matrix $\neq 0$. Dann ist $r(A) = s$ genau dann, wenn s die größte natürliche Zahl ist, zu der es eine s-reihige, von Null verschiedene Unterdeterminante von A gibt.

Beweis: Zunächst gilt:

(i) Existiert eine k-reihige Unterdeterminante $\neq 0$ von A , so ist

$$k \leqq r(A) \quad .$$

Denn die k Zeilen der Unterdeterminante sind linear unabhängig, mithin auch die entsprechenden Zeilen von A .

(ii) Ist $r(A) = s$, so existiert eine s-reihige Unterdeterminante $\neq 0$ von A .

Es existieren s Zeilen von A , die linear unabhängig sind. Sie bilden eine $s \times n$ - Matrix B mit $r(B) = s$. Also existieren in B s linear unabhängige Spalten. Diese bilden eine $s \times s$ - Matrix C mit $r(C) = s$. Also ist $\det C \neq 0$. $\det C$ ist s-reihige Unterdeterminante von A .

Wir beweisen nun den Satz: A) Sei s die größte Zahl, für die eine s-reihige Unterdeterminante $\neq 0$ von A existiert. Dann ist nach (i) $s \leqq r(A)$. Wäre $r(A) = r > s$, so existiert nach (ii) eine r-reihige Unterdeterminante $\neq 0$ von A , was der Maximalität von s widerspricht. Also ist $r(A) = s$.
B) Es sei $r(A) = s$. Dann existiert nach (ii) eine s-reihige Unterdeterminante $\neq 0$ von A . Wäre s nicht maximal, so gäbe es ein r mit $r > s$, für welches eine r-reihige Unterdeterminante $\neq 0$ von A vorhanden ist. Nach (i) ist aber $r \leqq r(A) = s$. Mithin ist s maximal.

§ 10 Eigenwerte, Eigenvektoren und charakteristisches Polynom

Definition: Sei φ ein Endomorphismus eines Vektorraumes V in sich. Ein Vektor $\mathfrak{x}$ aus V heißt <u>Eigenvektor von φ</u>, wenn $\mathfrak{x} \neq 0$ ist und wenn es ein c aus K mit $\varphi(\mathfrak{x}) = c\,\mathfrak{x}$ gibt. c heißt dabei ein <u>Eigenwert von φ</u>, der zu dem Eigenvektor $\mathfrak{x}$ gehörige Eigenwert von φ.

Offenbar gilt:

(A) Mit $\mathfrak{x}$ ist auch $a\mathfrak{x}$ für $a \neq 0$ aus K ein Eigenvektor von φ.

Definition: Eine Matrix heißt <u>Diagonalmatrix</u>, wenn sie nur in der Hauptdiagonale von Null verschiedene Elemente besitzt.

(B) Sei V ein Vektorraum mit der Basis $\mathfrak{v}_1, \dots, \mathfrak{v}_n$. Die $n \times n$ - Matrix A ist genau dann eine Diagonalmatrix, wenn $\mathfrak{v}_1, \dots, \mathfrak{v}_n$ Eigenvektoren des Endomorphismus φ von V mit $A = M(\varphi, \mathfrak{v}_i, \mathfrak{v}_i)$ sind. Ist dies der Fall und sind $c_1, \dots, c_n$ die zu $\mathfrak{v}_1, \dots, \mathfrak{v}_n$ gehörenden Eigenwerte von φ, so gilt

$$A = \begin{pmatrix} c_1 & & & 0 \\ & c_2 & & \\ & & \ddots & \\ 0 & & & c_n \end{pmatrix} .$$

Beweis: A) Sind $\mathfrak{v}_1, \dots, \mathfrak{v}_n$ Eigenvektoren von φ mit $A = M(\varphi, \mathfrak{v}_i, \mathfrak{v}_i)$, so gilt

$$\varphi(\mathfrak{v}_i) = c_i\,\mathfrak{v}_i \qquad i = 1, \dots, n ,$$

also aus $M(\varphi, \mathfrak{v}_i, \mathfrak{v}_i) = \begin{pmatrix} c_1 & & 0 \\ & \ddots & \\ 0 & & c_n \end{pmatrix}$ folgt $A = \begin{pmatrix} c_1 & & 0 \\ & \ddots & \\ 0 & & c_n \end{pmatrix}$,

und damit ist A Diagonalmatrix.

B) Ist A Diagonalmatrix, also $A = \begin{pmatrix} c_1 & & 0 \\ & \ddots & \\ 0 & & c_n \end{pmatrix}$, so ist für φ mit $A = M(\varphi, \mathfrak{v}_i, \mathfrak{v}_i)$:

$$\varphi(\mathfrak{v}_i) = c_i \mathfrak{v}_i \quad ,$$

also sind $\mathfrak{v}_1, \dots, \mathfrak{v}_n$ Eigenvektoren von φ.

Da Polynome über endlichen Körpern ein wenig Schwierigkeiten bereiten (für $K = \{0,1\}$ sind die Polynome x und x^2 als Abbildung von K in sich aufgefaßt gleich), wollen wir im Folgenden stets voraussetzen, daß der Körper K nicht nur endlich viele Elemente besitzt.

<u>Satz 1</u>. Ist φ ein Endomorphismus des Vektorraumes V mit $\dim V = n$ und ist ε die identische Abbildung von V auf sich, so ist die Abbildung f von K in sich mit

$$f(x) = \det(\varphi - x\varepsilon) \qquad \forall\, x \text{ aus } K$$

ein Polynom n-ten Grades. Genauer gilt:

$$\det(\varphi - x\varepsilon) = (-1)^n x^n + q_{n-1}x^{n-1} + \dots + q_1 x + \det\varphi \quad .$$

Beweis: Sei $\mathfrak{v}_1, \dots, \mathfrak{v}_n$ eine Basis von V, D eine für $\mathfrak{v}_1, \dots, \mathfrak{v}_n$ normierte Determinantenform. Dann ist

$$\begin{aligned}\det(\varphi - x\varepsilon) &= D((\varphi - x\varepsilon)(\mathfrak{v}_1), \dots, (\varphi - x\varepsilon)(\mathfrak{v}_n)) \\ &= D(\varphi(\mathfrak{v}_1) - x\mathfrak{v}_1, \dots, \varphi(\mathfrak{v}_n) - x\mathfrak{v}_n) \\ &= \underbrace{D(\varphi(\mathfrak{v}_1), \dots, \varphi(\mathfrak{v}_n))}_{\det\varphi} + \dots + (-1)^n x^n \underbrace{D(\mathfrak{v}_1, \dots, \mathfrak{v}_n)}_{=1}\end{aligned}$$

Also gilt

$$\det(\varphi - x\varepsilon) = (-1)^n x^n + q_{n-1}x^{n-1} + \dots + q_1 x + \det\varphi \quad .$$

Definition: Ist φ ein Endomorphismus des Vektorraumes V und ε die identische Abbildung von V auf sich, so heißt das Polynom f mit $f(x) = \det(\varphi - x\varepsilon)$ das <u>charakteristische Polynom von φ</u>.

Nach Satz 1 ist das charakteristische Polynom eines Endomorphismus φ eines n-dimensionalen Vektorraumes V in sich ein Polynom n-ten Grades.

Definition: Ist A eine $n \times n$ - Matrix, so heißt die Abbildung f von K in sich mit $f(x) = \det(A - xE)$ das <u>charakteristische Polynom von A</u>.

<u>Satz 2.</u> Sei φ ein Endomorphismus des Vektorraumes V in sich und ε die identische Abbildung von V auf sich. Dann gilt:

(a) Genau dann ist c Eigenwert von φ, wenn c Nullstelle des charakteristischen Polynoms von φ ist.

(b) Ist c ein Element aus K, so ist $\operatorname{Ker}(\varphi - c\varepsilon) \setminus \{\mathfrak{o}\}$ die Menge aller Eigenvektoren von φ mit c als Eigenwert.

Beweis: Wir beweisen zunächst (b): $\mathfrak{x} \in \operatorname{Ker}(\varphi - c\varepsilon) \setminus \{\mathfrak{o}\} \Leftrightarrow (\varphi - c\varepsilon)(\mathfrak{x}) = \mathfrak{o}$ und $\mathfrak{x} \neq \mathfrak{o} \Leftrightarrow \varphi(\mathfrak{x}) - c\mathfrak{x} = \mathfrak{o}$ und $\mathfrak{x} \neq \mathfrak{o} \Leftrightarrow \varphi(\mathfrak{x}) = c\mathfrak{x}$ und $\mathfrak{x} \neq \mathfrak{o} \Leftrightarrow \mathfrak{x}$ ist Eigenvektor von φ mit c als Eigenwert.

Wir beweisen nun (a): c ist Nullstelle des charakteristischen Polynoms f von $\varphi \Leftrightarrow f(c) = 0 \Leftrightarrow \det(\varphi - c\varepsilon) = 0 \Leftrightarrow$ der Endomorphismus $\psi = \varphi - c\varepsilon$ von V in sich ist nicht regulär $\Leftrightarrow \operatorname{Ker}\psi \neq \{\mathfrak{o}\} \Leftrightarrow$ es existiert ein Vektor $\mathfrak{x}$ in $\operatorname{Ker}(\varphi - c\varepsilon) \setminus \{\mathfrak{o}\} \Leftrightarrow$ es existiert ein Eigenvektor von φ mit c als Eigenwert (nach a)) $\Leftrightarrow$ c ist Eigenwert von φ.

Wir wollen nun das charakteristische Polynom des Endomorphismus φ über die zugehörige Matrix $M(\varphi)$ darstellen. Sei φ ein Endomorphismus des n-dimensionalen Vektorraumes V und $\mathfrak{a}_1, \dots, \mathfrak{a}_n$ eine Basis von V und $A = M(\varphi, \mathfrak{a}_i, \mathfrak{a}_i) = (a_{ik})$ die zu φ gehörende

Matrix. Dann gilt für das charakteristische Polynom f von φ :

$$(1)\quad f(x) = \det(\varphi - x\varepsilon) = \det(A - xE) = \begin{vmatrix} a_{11}-x & a_{12} & \cdots & a_{1n} \\ a_{21} & a_{22}-x & \cdots & a_{2n} \\ \vdots & & & \vdots \\ a_{n1} & \cdots & & a_{nn}-x \end{vmatrix}.$$

Ein Eigenvektor für den Eigenwert c ist eine Lösung des homogenen Gleichungssystems:

$$(2)\quad \begin{aligned} (a_{11}-c)x_1 + a_{21}x_2 + \ldots + a_{n1}x_n &= 0 \\ a_{12}x_1 + (a_{22}-c)x_2 + \ldots + a_{n2}x_n &= 0 \\ \vdots \qquad\qquad & \vdots \\ a_{1n}x_1 + a_{2n}x_2 + \ldots + (a_{nn}-c)x_n &= 0 \ . \end{aligned}$$

Denn ist c ein Eigenwert und $\mathfrak{x}$ ein Eigenvektor, so gilt $\varphi(\mathfrak{x}) = c\,\mathfrak{x}$, also nach Übergang zu den Matrizen (§ 7, 5) $XA = cX$, mithin $X(A - cE) = 0$ und damit (2) .

Beispiel:

Sei $K = \mathbb{R}$, $V = \mathbb{R}^4$ und φ der Endomorphismus mit der Matrix

$$M(\varphi) = \begin{pmatrix} 2 & 0 & 0 & 0 \\ 0 & 2 & 0 & 0 \\ 1 & -2 & 0 & -1 \\ 2 & -4 & 1 & 0 \end{pmatrix}$$

. Das charakteristische Polynom von φ ist dann:

$$f(x) = \begin{vmatrix} 2-x & 0 & 0 & 0 \\ 0 & 2-x & 0 & 0 \\ 1 & -2 & -x & -1 \\ 2 & -4 & 1 & -x \end{vmatrix} = (2-x)(2-x)(x^2+1)$$

$$= (2 - x)^2(x^2+ 1)$$

(Dies erhält man durch Entwickeln der Determinante nach der 1., 2., 3. und 4. Zeile.)

Die Nullstellen des charakteristischen Polynoms sind : $x = 2$ (zweifache Nullstelle).
Die Eigenvektoren mit dem Eigenwert $x = c = 2$ sind:

$$\begin{aligned} x_3 + 2x_4 &= 0 \\ -2x_3 - 4x_4 &= 0 \\ -2x_3 + x_4 &= 0 \\ -x_3 - 2x_4 &= 0 \end{aligned} \quad .$$

Der Rang des Gleichungssystems ist 2 , also hat die Lösungsmenge L die Dimension 2 .

Offenbar sind (1,0,0,0) und (0,1,0,0) Lösungen, also gilt

$$L = \langle\langle (1,0,0,0),(0,1,0,0) \rangle\rangle \quad .$$

Satz 3. Seien $\mathfrak{x}_1,\dots,\mathfrak{x}_r$ Eigenvektoren des Endomorphismus φ von V , welche zu den voneinander verschiedenen Eigenwerten $c_1,\dots,c_r$ gehören. Dann sind $\mathfrak{x}_1,\dots,\mathfrak{x}_r$ linear unabhängig.

Beweis: Aus $\sum\limits_{i=1}^{r} a_i\mathfrak{x}_i = \mathfrak{o}$ folgt wegen

$$(\varphi - c_j\varepsilon)(\mathfrak{x}_i) = \begin{cases} \mathfrak{o} & \text{für } i = j \\ (c_i - c_j)\mathfrak{x}_i & \text{für } i \neq j \end{cases} \qquad i,j=1,\dots,r$$

dann $\mathfrak{o} = (\varphi - c_2\varepsilon)(\sum\limits_{i=1}^{r} a_i\mathfrak{x}_i) = a_1(c_1 - c_2)\mathfrak{x}_1 + \mathfrak{o} + a_3(c_3 - c_2)\mathfrak{x}_3$

$$+ a_4(c_4 - c_2)\mathfrak{x}_4 + \dots = \sum_{i=1}^{n} b_i\mathfrak{x}_i$$

und weiter hieraus

$$\mathfrak{o} = (\varphi - c_3\varepsilon)(\sum_{i=1}^{r} b_i\mathfrak{x}_i) = a_1(c_1 - c_2)(c_1 - c_3)\mathfrak{x}_1 + \mathfrak{o} + \mathfrak{o}$$
$$+ a_4(c_4 - c_2)(c_4 - c_3)\mathfrak{x}_4 + \dots\dots$$

und somit nacheinander durch Anwenden von $\varphi - c_4\varepsilon ,\dots, \varphi - c_r\varepsilon$ dann:

$$= a_1(c_1 - c_2)(c_1 - c_3)\dots(c_1 - c_r)\mathfrak{c}_1 \ .$$

Mithin ist - da $c_1,\dots,c_r$ voneinander verschieden sind - $a_1 = 0$.

Analog schließt man für $a_2,\dots,a_r$.

Definition: Eine Nullstelle c des Polynoms f heißt eine <u>k-fache Nullstelle</u>, wenn f sich in der Form

$$f(x) = (x - c)^k g(x) \qquad \text{mit } g(c) \neq 0$$

mit einem Polynom g(x) darstellen läßt. k heißt die <u>Vielfachheit</u> der Nullstelle c .

<u>Satz 4.</u> Sei φ ein Endomorphismus des Vektorraumes V mit dim V = n. Dann gibt es genau dann eine Basis $\mathfrak{v}_1,\dots,\mathfrak{v}_n$ von V , so daß $M(\varphi, \mathfrak{v}_i, \mathfrak{v}_i)$ eine Diagonalmatrix ist, wenn das charakteristische Polynom f von φ in Linearfaktoren zerfällt, und für jeden Eigenwert c der Vielfachheit k gilt $Rg(\varphi - c\varepsilon) = n - k$.

Beweis: A) Das charakteristische Polynom f zerfalle in Linearfaktoren, und es gelte $Rg(\varphi - c\varepsilon) = n-k$ für jeden Eigenwert der Vielfachheit k . Für das charakteristische Polynom f gilt nach Voraussetzung

$$(3) \qquad f(x) = \prod_{i=1}^{r} (x - c_i)^{k_i} \ .$$

$c_1,\dots,c_r$ seien dabei voneinander verschieden, und $k_1,\dots,k_r$ seien die Vielfachheiten von $c_1,\dots,c_r$. Es gilt $\dim(\mathrm{Ker}(\varphi - c_i\varepsilon)) = \dim V - \dim(\mathrm{Bild}(\varphi - c_i\varepsilon)) = n - Rg(\varphi - c_i\varepsilon) = n - (n - k_i) = k_i$ für $i = 1,\dots,r$. Sei $\mathfrak{v}_{i1},\dots,\mathfrak{v}_{ik_i}$ eine Basis von $\mathrm{Ker}(\varphi - c_i\varepsilon)$, dann behaupten wir:

(i) $\mathfrak{v}_{11},\dots,\mathfrak{v}_{1k_1},\dots,\mathfrak{v}_{r1},\dots,\mathfrak{v}_{rk_r}$ sind linear unabhängig.

Aus $\sum_{i,j=1} a_{ij}\mathfrak{v}_{ij} = \mathfrak{o}$ folgt

$$\underbrace{a_{11}\mathfrak{v}_{11} + \ldots + a_{1k_1}\mathfrak{v}_{1k_1}}_{\mathfrak{b}_1} + \underbrace{a_{21}\mathfrak{v}_{21} + \ldots + a_{2k_2}\mathfrak{v}_{2k_2}}_{\mathfrak{b}_2} + \ldots = \mathfrak{o} ,$$

also mit $\mathfrak{b}_i = \sum_{j=1}^{k_i} a_{ij}\mathfrak{v}_{ij}$ für $i = 1,\ldots,r$ dann $\sum_{i=1}^{r} \mathfrak{b}_i = \mathfrak{o}$, also nach Satz 3 wegen $\mathfrak{b}_i \in \mathrm{Ker}(\varphi - c_i\varepsilon)$ und wegen der Verschiedenheit von $c_1,\ldots,c_r$ dann $\mathfrak{b}_1 = \mathfrak{b}_2 = \ldots = \mathfrak{b}_r = \mathfrak{o}$. Also folgt aus $\sum_{j=1}^{k_i} a_{ij}\mathfrak{v}_{ij} = \mathfrak{b}_i = \mathfrak{o}$ für $i = 1,\ldots,r$ wegen der linearen Unabhängigkeit von $\mathfrak{v}_{i1},\ldots,\mathfrak{v}_{ik_i}$ dann $a_{ij} = 0$ für $j = 1,\ldots,k_i$ und $1 \leqq i \leqq r$. Mithin sind alle Koeffizienten Null, und somit gilt (i).

(ii) Die Vektoren in (i) bilden eine Basis von V .

Aus (3) folgt, da f(x) ein Polynom n-ten Grades ist, $\sum_{i=1}^{r} k_i = n$, also stehen in (i) genau n Vektoren. Wegen $\dim V = n$ bilden dann die Vektoren in (i) eine Basis.
Jeder Vektor in (i) ist Eigenvektor (wegen $\mathfrak{v}_{ij} \neq \mathfrak{o}$ und $\mathfrak{v}_{ij} \in \mathrm{Ker}(\varphi - c_i\varepsilon)$), also hat die Matrix $M(\varphi)$ für die Basis (i) nach (B) Diagonalgestalt. Damit ist Teil A) bewiesen.

B) Sei $\mathfrak{v}_1,\ldots,\mathfrak{v}_n$ Basis von V , für die $M(\varphi) = M(\varphi, \mathfrak{v}_i, \mathfrak{v}_i)$ Diagonalgestalt hat. Dann gibt es - nach geeigneter Umnumerierung der $\mathfrak{v}_i$ - voneinander verschiedene Zahlen $c_1,\ldots,c_r$ aus K mit

$$M(\varphi) = \begin{pmatrix} c_1 & & & & & & & \\ & \ddots & & & & & & O \\ & & c_1 & & & & & \\ & & & c_2 & & & & \\ & & & & \ddots & & & \\ & & & & & c_2 & & \\ & & & & & & c_r & \\ & O & & & & & & \ddots \\ & & & & & & & & c_r \end{pmatrix}$$

Damit gilt für das charakteristische Polynom f von φ :

$$\det(\varphi - x\varepsilon) = \det(M(\varphi) - xE) = \begin{vmatrix} c_1 - x & & & & & & 0 \\ & \ddots & & & & & \\ & & c_1 - x & & & & \\ & & & c_2 - x & & & \\ & & & & \ddots & & \\ & 0 & & & & c_2 - x & \\ & & & & & & \ddots \\ & & & & & & & c_r - x \end{vmatrix}$$

$$= \prod_{i=1}^{r} (c_i - x)^{k_i} .$$

Mithin zerfällt das charakteristische Polynom von φ in Linearfaktoren. Der Eigenwert c_i hat die Vielfachheit k_i . Weiter ist $\mathrm{Rg}(\varphi - c_i\varepsilon) = \mathrm{Rg}(M(\varphi) - c_iE) = n - k_i$ wegen

$$M(\varphi) - c_iE = \begin{pmatrix} c_1 - c_i & & & & & & & 0 \\ & \ddots & & & & & & \\ & & c_1 - c_i & & & & & \\ & & & \ddots & & & & \\ & & & & 0 & & & \\ & & & & & 0 & & \\ & & & & & & \ddots & \\ & 0 & & & & & & c_r - c_i \\ & & & & & & & & \ddots \\ & & & & & & & & & c_r - c_i \end{pmatrix} .$$

Mithin gilt auch Teil B), also Satz 4.

Definition: Ist A eine $n \times n$ - Matrix, so heißt jede Nullstelle c des charakteristischen Polynoms von A ein <u>Eigenwert</u> von A. Jede von Null verschiedene Lösung X des Gleichungssystems

$$X(A - cE) = 0$$

heißt ein <u>Eigenvektor</u> der Matrix A .

§ 11 Metrische, euklidische und unitäre Vektorräume

1. Semibilinearformen

Definition: Seien K ein Körper und $a \to \bar{a}$ eine bijektive Abbildung von K auf sich mit

$$\overline{a+b} = \bar{a} + \bar{b} \quad ; \quad \overline{ab} = \bar{a}\bar{b} \quad ; \quad \bar{\bar{a}} = a \qquad \forall a,b \in K .$$

Seien ferner V,W Vektorräume über K . Dann heißt eine Abbildung f von $V \times W$ in K eine <u>Semibilinearform</u>, wenn gilt:

$$\left.\begin{array}{ll}(1) & f(\mathfrak{x} + \mathfrak{x}', \mathfrak{y}) = f(\mathfrak{x}, \mathfrak{y}) + f(\mathfrak{x}', \mathfrak{y}) \\ (2) & f(\mathfrak{x}, \mathfrak{y} + \mathfrak{y}') = f(\mathfrak{x}, \mathfrak{y}) + f(\mathfrak{x}, \mathfrak{y}') \\ (3) & f(a\mathfrak{x}, \mathfrak{y}) = af(\mathfrak{x}, \mathfrak{y}) \\ (4) & f(\mathfrak{x}, a\mathfrak{y}) = f(\mathfrak{x}, \mathfrak{y})\bar{a}\end{array}\right\} \begin{array}{l}\forall \mathfrak{x}, \mathfrak{y}, \mathfrak{x}', \mathfrak{y}' \in V \\ \forall a \in K.\end{array}$$

Ist $a = \bar{a}$, so heißt f eine <u>Bilinearform</u>.

Beispiele:

1) Seien K ein beliebiger Körper und $V = W = K^n$ und $a = \bar{a}$ für alle a aus K . Die Abbildung f von $V \times V$ in K mit

$$f(\mathfrak{x}, \mathfrak{y}) = \sum_{i=1}^{n} x_i y_i \qquad \text{für} \quad \left\{\begin{array}{l}\mathfrak{x} = (x_1,\dots,x_n) \\ \mathfrak{y} = (y_1,\dots,y_n)\end{array}\right\} \in K^n$$

ist eine Bilinearform. In § 6 nannten wir es das skalare Produkt der Vektoren $\mathfrak{x}$ und $\mathfrak{y}$.

2) Seien $\mathbb{C}$ der komplexe Zahlkörper und $V = W = \mathbb{C}^n$; ferner sei $a \to \bar{a}$ die Abbildung, die jeder komplexen Zahl $x + iy$ die kon-

jugiert komplexe Zahl $x - iy$ zuordnet. Dann ist die Abbildung f von $V \times V$ in $\mathbb{C}$ mit

$$f(\mathfrak{x}, \mathfrak{y}) = \sum_{i=1}^{n} x_i \overline{y}_i \qquad \text{für} \quad \left\{ \begin{array}{l} \mathfrak{x} = (x_1, \ldots, x_n) \\ \mathfrak{y} = (y_1, \ldots, y_n) \end{array} \right\} \in \mathbb{C}^n$$

eine Semibilinearform. Insbesondere gilt die Eigenschaft (4):

Es ist $f(\mathfrak{x}, a\mathfrak{y}) = \sum_{i=1}^{n} x_i (\overline{ay_i}) = \sum_{i=1}^{n} x_i (\overline{a}\,\overline{y}_i) = (\sum_{i=1}^{n} x_i \overline{y}_i)\overline{a}$

$= f(\mathfrak{x}, \mathfrak{y})\overline{a}$ für alle $\mathfrak{x}, \mathfrak{y} \in \mathbb{C}^n$ und für alle a aus $\mathbb{C}$.

3) Kegelschnitt und Bilinearform: Die Menge der Punkte (x,y) in der euklidischen Ebene, d. h. die Vektoren (x,y) aus $V = \mathbb{R}^2$ mit

$$\frac{x^2}{a^2} + \frac{y^2}{b^2} = 1$$

bildet eine Ellipse oder einen Kreis. Die Abbildung f von $\mathbb{R}^2 \times \mathbb{R}^2$ in $\mathbb{R}$ mit

$$f(\mathfrak{x}, \mathfrak{y}) = \frac{1}{a^2} x_1 y_1 + \frac{1}{b^2} x_2 y_2 \qquad \text{für} \quad \left\{ \begin{array}{l} \mathfrak{x} = (x_1, x_2) \\ \mathfrak{y} = (y_1, y_2) \end{array} \right.$$

ist eine Bilinearform. Dann ist der Kegelschnitt die Menge aller Punkte $(x,y) = \mathfrak{x}$ mit $f(\mathfrak{x}, \mathfrak{x}) = 1$.

4) Seien K ein beliebiger Körper und V ein Vektorraum über K und V^* der zu V duale Vektorraum. Dann ist die Abbildung f von $V^* \times V$ in K mit

$$f(\lambda, \mathfrak{x}) = \lambda(\mathfrak{x}) \qquad \forall\, \lambda \in V^* \;; \quad \forall\, \mathfrak{x} \in V$$

eine Bilinearform. Rechts steht das Bild des Vektors $\mathfrak{x}$ hinsichtlich der Linearform λ .

5) Seien $V = W$ die Menge der in dem Intervall $[a,b]$ (für $[a,b] \subset \mathbb{R}$) stetigen Funktionen. Dann ist die Abbildung f von $V \times V$ in $\mathbb{R}$ mit

$$f(g,h) = \int_a^b g(t)h(t)dt \qquad \forall\, g,h \in V$$

eine Bilinearform.

Definition: Eine Semibilinearform f heißt <u>nicht ausgeartet</u>, wenn gilt:

(*) Aus $f(\mathfrak{v}, \mathfrak{x}) = 0$ für alle $\mathfrak{x}$ aus W folgt $\mathfrak{v} = \mathfrak{o}$.
Aus $f(\mathfrak{x}, \mathfrak{v}) = 0$ für alle $\mathfrak{x}$ aus V folgt $\mathfrak{v} = \mathfrak{o}$.

2. Matrix einer Semibilinearform

Definition: Sind V,W endlich dimensionale Vektorräume mit den Basen $\mathfrak{v}_1, \dots, \mathfrak{v}_m$ und $\mathfrak{b}_1, \dots, \mathfrak{b}_n$ und ist f eine Semibilinearform auf $V \times W$, so heißt die $m \times n$ - Matrix

$$M(f, \mathfrak{v}_i, \mathfrak{b}_j) = (f_{kl}) \quad \text{mit} \quad f_{kl} = f(\mathfrak{v}_k, \mathfrak{b}_l)$$

die <u>Matrix von f</u>, kurz bezeichnet mit M(f).

(A) Sind V,W endlich dimensionale Vektorräume und ist f eine Bilinearform auf $V \times W$, so läßt sich die Gleichung

$$f(\mathfrak{x}, \mathfrak{y}) = c$$

in Matrixform ausdrücken durch

$$X \cdot M(f) \cdot Y' = (c) \quad .$$

Dabei entsprechen die Vektoren $\mathfrak{x}, \mathfrak{y}$ den einzeiligen Matrizen X,Y. (c) ist eine 1×1 - Matrix.

Beweis: Sei $\mathfrak{x} = \sum_{i=1}^{m} x_i \mathfrak{a}_i$, $\mathfrak{y} = \sum_{i=1}^{n} y_i \mathfrak{b}_i$ und $M(f) =$ $M(f, \mathfrak{a}_i, \mathfrak{b}_k) = (f_{ls})$ mit $f_{ls} = f(\mathfrak{a}_l, \mathfrak{b}_s)$. Dann ist

$$c = f(\mathfrak{x}, \mathfrak{y}) = f(\sum_{i=1}^{m} x_i \mathfrak{a}_i , \sum_{k=1}^{n} y_k \mathfrak{b}_k) = \sum_{i,k=1}^{m,n} x_i f_{ik} y_k ,$$

alsc $(c) = X \cdot M(f) \cdot Y'$.

(B) Sind V,W Vektorräume mit $\dim V = \dim W = n$ und ist f eine Semibilinearform, so ist f genau dann nicht ausgeartet, wenn $r(M(f)) = n$ gilt.

Beweis: Nach (A) ist $f(\mathfrak{a}, \mathfrak{x}) = 0$ für alle $\mathfrak{x} \in W$ $\Leftrightarrow$ $AM(f)X'=0$ für alle X , wenn A,X die den Vektoren $\mathfrak{a}$, $\mathfrak{x}$ entsprechenden Matrizen sind.

A). Sei $r(M(f)) = n$. Aus $f(\mathfrak{a}, \mathfrak{x}) = 0$ für alle $\mathfrak{x} \in W$ folgt $AM(f)X' = 0$ für alle X , also hat das Gleichungssystem $(AM(f))X' = 0$ den Rang Null (weil die Lösungsmannigfaltigkeit die Dimension n hat), mithin ist $AM(f) = 0$ und somit $A = 0$, da $M(f)$ regulär ist, denn das Gleichungssystem $YM(f)$ hat nur die triviale Lösung. Aus $A = 0$ folgt $\mathfrak{a} = \mathfrak{o}$.
Analog schließt man aus $f(\mathfrak{x}, \mathfrak{a}) = 0$ für alle $\mathfrak{x}$ aus V dann $\mathfrak{a} = \mathfrak{o}$. Also ist f nicht ausgeartet.
B) Sei f nicht ausgeartet. Wäre $r(M(f)) \neq n$, so hätte das Gleichungssystem $XM(f) = 0$ nichttriviale Lösungen, und es existiert ein A mit $A \neq 0$ und $AM(f) = 0$. Hieraus folgt $AM(f)X' = 0$ für alle X, also $f(\mathfrak{a}, \mathfrak{x}) = 0$ für alle $\mathfrak{x}$ aus W und $\mathfrak{a} \neq \mathfrak{o}$. Dies ist ein Widerspruch, da f nicht ausgeartet ist. Also ist $r(M(f)) = n$.

3. Symmetrische und HERMITEsche Formen

Definition: Eine Semibilinearform f auf $V \times W$ heißt symmetrisch, wenn $V = W$ und wenn gilt

$$f(\mathfrak{x}, \mathfrak{y}) = f(\mathfrak{y}, \mathfrak{x}) \qquad \forall\, \mathfrak{x}, \mathfrak{y} \in V .$$

Eine Semibilinearform f auf $V \times W$ heißt eine HERMITEsche Form, wenn $V = W$ und wenn gilt

$$f(\mathfrak{x}, \mathfrak{y}) = \overline{f(\mathfrak{y}, \mathfrak{x})} \qquad \forall\, \mathfrak{x}, \mathfrak{y} \in V .$$

Die Formen f aus den Beispielen 1), 3), 5) sind symmetrisch, aus Beispiel 2) HERMITEsch, aus Beispiel 4) weder symmetrisch noch HERMITEsch.

(C) Ist f eine symmetrische oder HERMITEsche Form, so folgen (2) und (4) aus (1) und (3). Für eine HERMITEsche Form f gilt $\overline{f(\mathfrak{x}, \mathfrak{x})} = f(\mathfrak{x}, \mathfrak{x})$ für alle $\mathfrak{x}$. Ist $K = \mathbb{C}$ und $a \to \bar{a}$ der Übergang zum konjugiert Komplexen, so ist $f(\mathfrak{x}, \mathfrak{x})$ eine reelle Zahl.

Beweis: Es genügt zu zeigen, daß für HERMITEsche Formen aus (1) und (3) auch (2) und (4) folgt:

$$f(\mathfrak{x}, \mathfrak{y} + \mathfrak{y}') = \overline{f(\mathfrak{y} + \mathfrak{y}', \mathfrak{x})} = \overline{f(\mathfrak{y}, \mathfrak{x}) + f(\mathfrak{y}', \mathfrak{x})}$$
$$= \overline{f(\mathfrak{y}, \mathfrak{x})} + \overline{f(\mathfrak{y}', \mathfrak{x})} = f(\mathfrak{x}, \mathfrak{y}) + f(\mathfrak{x}, \mathfrak{y}')$$

$$f(\mathfrak{x}, a\mathfrak{y}) = \overline{f(a\mathfrak{y}, \mathfrak{x})} = \overline{a f(\mathfrak{y}, \mathfrak{x})} = \bar{a}\, \overline{f(\mathfrak{y}, \mathfrak{x})} = \bar{a}\, f(\mathfrak{x}, \mathfrak{y})$$
$$= f(\mathfrak{x}, \mathfrak{y})\bar{a} .$$

Alle anderen Behauptungen von (C) sind klar.

Definition: Seien V ein Vektorraum über K und f eine symmetrische oder oder HERMITEsche Form, dann heißt das Paar (V,f) ein metrischer Vektorraum.

Definition: Sei V ein Vektorraum über dem reellen oder komplexen Zahlkörper. Dann heißt eine symmetrische oder HERMITEsche Form f <u>positiv definit</u>, wenn gilt:

$$f(\mathfrak{x}, \mathfrak{x}) > 0 \qquad \forall \mathfrak{x} \neq 0 \text{ aus } V .$$

Die Formen f in den Beispielen 1) und 2) und 5) von oben sind positiv definit.

4. Euklidische und unitäre Vektorräume

Definition: Sei (V,f) ein metrischer Vektorraum. Dann heißt (V,f) ein <u>euklidischer Vektorraum</u>, wenn V ein Vektorraum über dem reellen Zahlkörper ist und f eine symmetrische, positiv definite Form ist. (V,f) heißt ein <u>unitärer Vektorraum</u>, wenn V ein Vektorraum über dem komplexen Zahlkörper ist und f eine positiv definite HERMITEsche Form ist (in bezug auf die Abbildung $a = x + iy \rightarrow \bar{a} = x - iy$).

Beispiele:

1) Ist f die Form aus Beispiel 1) und $K = \mathbb{R}$, so ist (K^n, f) ein euklidischer Vektorraum.

2) Ist f die Form aus Beispiel 2) und $K = \mathbb{C}$, so ist $(\mathbb{C}^n, f)$ ein unitärer Vektorraum.

3) Sind V,f aus Beispiel 5) genommen, so ist (V,f) ein euklidischer Vektorraum.

Definition: Ist (V,f) ein euklidischer oder unitärer Vektorraum, so heißt

$$|\mathfrak{x}| = \sqrt{f(\mathfrak{x}, \mathfrak{x})} \qquad \mathfrak{x} \in V$$

die <u>Länge</u> oder der <u>Betrag</u> des Vektors $\mathfrak{x}$. Ist $| \quad | = 1$, so heißt ein <u>Einheitsvektor</u> oder <u>normiert</u>.

CAUCHY-SCHWARZsche Ungleichung: Es gilt in einem euklidischen oder unitären Vektorraum (V,f):

$$\boxed{|f(\mathfrak{a}, \mathfrak{b})| \leqq |\mathfrak{a}| \cdot |\mathfrak{b}|} \qquad \forall \mathfrak{a}, \mathfrak{b} \in V .$$

Beweis: Ist $\mathfrak{b} = \mathfrak{o}$, so ist die Behauptung trivial. Sei also $\mathfrak{b} \neq \mathfrak{o}$. Aus

$$0 \leqq f(\mathfrak{a} - c\mathfrak{b}, \mathfrak{a} - c\mathfrak{b}) = f(\mathfrak{a}, \mathfrak{a}) - cf(\mathfrak{b}, \mathfrak{a}) - \bar{c} f(\mathfrak{a}, \mathfrak{b})$$

$+ c\bar{c}\, f(\mathfrak{b}, \mathfrak{b})$ folgt für $c = \dfrac{f(\mathfrak{a}, \mathfrak{b})}{f(\mathfrak{b}, \mathfrak{b})}$:

$$0 \leqq f(\mathfrak{a}, \mathfrak{a}) - \frac{f(\mathfrak{a}, \mathfrak{b})}{f(\mathfrak{b}, \mathfrak{b})} \overline{f(\mathfrak{a}, \mathfrak{b})} - \frac{f(\mathfrak{a}, \mathfrak{b})}{f(\mathfrak{b}, \mathfrak{b})} \overline{f(\mathfrak{a}, \mathfrak{b})} +$$

$$\frac{f(\mathfrak{a}, \mathfrak{b})}{f(\mathfrak{b}, \mathfrak{b})} \overline{\frac{f(\mathfrak{a}, \mathfrak{b})}{f(\mathfrak{b}, \mathfrak{b})}} f(\mathfrak{b}, \mathfrak{b}) \curvearrowright f(\mathfrak{a}, \mathfrak{b}) \overline{f(\mathfrak{a}, \mathfrak{b})} \leqq$$

$$f(\mathfrak{a}, \mathfrak{a}) f(\mathfrak{b}, \mathfrak{b}) \curvearrowright |f(\mathfrak{a}, \mathfrak{b})|^2 \leqq |\mathfrak{a}|^2 \, |\mathfrak{b}|^2 .$$

Damit ist die CAUCHY-SCHWARZsche Ungleichung bewiesen.

Anwendungen: Es gilt

$$\left(\int_0^1 g\,h\,dt\right)^2 \leqq \left(\int_0^1 g^2 dt\right)\left(\int_0^1 h^2 dt\right)$$

für alle in $[0,1]$ stetigen Funktionen g,h und

$$\left(\sum_{i=1}^n x_i y_i\right)^2 \leqq \left(\sum_{i=1}^n x_i^2\right)\left(\sum_{i=1}^n y_i^2\right)$$

für alle Elemente x_i, y_i des reellen oder des komplexen Zahlkörpers.

Dreiecksungleichung: In einem euklidischen oder unitären Vektorraum (V,f) gilt:

$$\boxed{|\mathfrak{a} + \mathfrak{b}| \leqq |\mathfrak{a}| + |\mathfrak{b}|} \qquad \forall \mathfrak{a}, \mathfrak{b} \in V .$$

Beweis: $|\,\mathfrak{a}+\mathfrak{b}\,|^2 = f(\mathfrak{a}+\mathfrak{b}\,,\,\mathfrak{a}+\mathfrak{b}) = f(\mathfrak{a},\mathfrak{a}) + f(\mathfrak{a},\mathfrak{b}) + f(\mathfrak{b},\mathfrak{a}) + f(\mathfrak{b},\mathfrak{b}) \leqq f(\mathfrak{a},\mathfrak{a}) + 2\mathrm{Re} f(\mathfrak{a},\mathfrak{b}) + f(\mathfrak{b},\mathfrak{b}) \leqq f(\mathfrak{a},\mathfrak{a}) + 2|f(\mathfrak{a},\mathfrak{b})| + f(\mathfrak{b},\mathfrak{b}) \leqq f(\mathfrak{a},\mathfrak{a}) + 2\sqrt{f(\mathfrak{a},\mathfrak{a})}\,\sqrt{f(\mathfrak{b},\mathfrak{b})} + f(\mathfrak{b},\mathfrak{b}) = (\sqrt{f(\mathfrak{a},\mathfrak{a})} + \sqrt{f(\mathfrak{b},\mathfrak{b})})^2 = (|\mathfrak{a}| + |\mathfrak{b}|)^2$. Hieraus folgt die Behauptung.

5. Orthogonalität

Definition: Sei f eine Semibilinearform auf $V \times W$, dann heißen zwei Vektoren $\mathfrak{x}$ aus V bzw. $\mathfrak{y}$ aus W orthogonal, wenn $f(\mathfrak{x},\mathfrak{y}) = 0$ gilt.

Beispiele:

1) Sei f das Skalarprodukt $\mathfrak{a}\mathfrak{b}$ in dem Vektorraum $\mathbb{R}^n$, dann gilt

   $\mathfrak{a}$ orthogonal zu $\mathfrak{b}$ $\Longleftrightarrow$ $\mathfrak{a}\mathfrak{b} = 0$

2) Seien V,f wie in Beispiel 5) am Anfang gewählt, und zwar speziell für $a = 0$ und $b = 2\pi$. Dann gilt

$$f(\sin x,\cos x) = \int_0^{2\pi} \sin x \cos x \, dx = \frac{1}{2}\int_0^{2\pi} \sin 2x \, dx = 0 \quad ,$$

   also sind die Funktionen sin x und cos x orthogonal.

Definition: Eine Menge N von Vektoren $\neq \mathfrak{o}$ eines euklidischen oder unitären Vektorraumes (V,f) heißt ein Orthogonalsystem, wenn je zwei Vektoren aus N orthogonal sind. N heißt ein Orthonormalsystem, wenn darüber hinaus jeder Vektor aus N normiert ist. Ein Orthonormalsystem, welches Basis von V ist, heißt eine Orthonormalbasis.

(D) Je endlich viele Vektoren eines Orthogonalsystems N in einem euklidischen oder unitären Vektorraum (V,f) sind linear unabhängig.

Beweis: Seien $\mathfrak{v}_1, \ldots, \mathfrak{v}_n \in N$ und $f_{ik} = f(\mathfrak{v}_i, \mathfrak{v}_k)$ für $i,k = 1,\ldots,n$. Da f positiv definit ist, gilt $f_{ii} \neq 0$ für $i = 1,\ldots,n$. Aus $\sum_{i=1}^{n} a_i \mathfrak{v}_i = \mathfrak{o}$ folgt dann $a_k = \sum_{i=1}^{n} a_i \delta_{ik} =$

$\sum_{i=1}^{n} a_i \frac{1}{f_{kk}} f(\mathfrak{v}_i, \mathfrak{v}_k) = \frac{1}{f_{kk}} (\sum_{i=1}^{n} a_i f(\mathfrak{v}_i, \mathfrak{v}_k)) =$

$\frac{1}{f_{kk}} \cdot f(\sum_{i=1}^{n} a_i \mathfrak{v}_i, \mathfrak{v}_k) = \frac{1}{f_{kk}} f(\mathfrak{o}, \mathfrak{v}_k) = 0$ für $k = 1,\ldots,n$.

Also sind $\mathfrak{v}_1, \ldots, \mathfrak{v}_n$ linear unabhängig.

(E) Sei $\mathfrak{n}_1, \ldots, \mathfrak{n}_n$ eine Orthonormalbasis eines euklidischen oder unitären Vektorraumes (V,f). Dann gilt $f(\mathfrak{n}_i, \mathfrak{n}_k) = \delta_{ik}$ und

$$f(\mathfrak{x}, \mathfrak{y}) = \sum_{i=1}^{n} x_i \overline{y}_i \quad \text{für } \mathfrak{x} = \sum_{i=1}^{n} x_i \mathfrak{n}_i \,;\ \mathfrak{y} = \sum_{i=1}^{n} y_i \mathfrak{n}_i .$$

Beweis: Das Erste ist nach Definition klar, und das Zweite folgt aus

$f(\mathfrak{x}, \mathfrak{y}) = f(\sum_{i=1}^{n} x_i \mathfrak{n}_i, \sum_{k=1}^{n} y_k \mathfrak{n}_k) = \sum_{i,k=1}^{n} x_i \overline{y}_k f(\mathfrak{n}_i, \mathfrak{n}_k) =$

$\sum_{i,k=1}^{n} x_i \overline{y}_k \delta_{ik} = \sum_{i=1}^{n} x_i \overline{y}_i$.

Satz 1 (Orthogonalisierung). Sei (V,f) ein euklidischer oder unitärer Vektorraum und die Dimension von V entweder endlich oder höchstens abzählbar. Dann besitzt (V,f) eine Orthonormalbasis.

Beweis durch das E. SCHMIDTsche Orthogonalisierungsverfahren: Zunächst überlegen wir:

(i) Sind $\mathfrak{v}_1, \ldots, \mathfrak{v}_n$ aus V linear unabhängig, dann gibt es für $\langle\langle \mathfrak{v}_1, \ldots, \mathfrak{v}_n \rangle\rangle$ eine Orthonormalbasis (ON-Basis).

Wir führen die vollständige Induktion nach n durch. Für $n = 1$ setzen wir $\mathfrak{u}_1 = \frac{\mathfrak{v}_1}{|\mathfrak{v}_1|}$. Offenbar ist dann $\mathfrak{u}_1$ eine ON-Basis für $\langle\langle \mathfrak{v}_1 \rangle\rangle$.

Sei nun die Behauptung richtig für $n = k$. Wir müssen dann für $\langle\langle \mathfrak{v}_1, \ldots, \mathfrak{v}_{k+1} \rangle\rangle$ eine ON-Basis angeben. Für $\langle\langle \mathfrak{v}_1, \ldots, \mathfrak{v}_k \rangle\rangle$ existiert eine ON-Basis $\mathfrak{u}_1, \ldots, \mathfrak{u}_k$ nach Induktionsvoraussetzung. Setzen wir

$$\mathfrak{b}_{k+1} = \mathfrak{v}_{k+1} - \sum_{i=1}^{k} f(\mathfrak{v}_{k+1}, \mathfrak{u}_i)\, \mathfrak{u}_i \ ,$$

so sind $\mathfrak{u}_1, \ldots, \mathfrak{u}_k, \mathfrak{b}_{k+1}$ linear unabhängig. Also gilt wegen $\mathfrak{b}_{k+1} \in \langle \mathfrak{v}_1, \ldots, \mathfrak{v}_{k+1} \rangle$ dann $\langle\langle \mathfrak{u}_1, \ldots, \mathfrak{u}_k, \mathfrak{b}_{k+1} \rangle\rangle = \langle\langle \mathfrak{v}_1, \ldots, \mathfrak{v}_{k+1} \rangle\rangle$. In diesem Raum bilden die Vektoren $\mathfrak{u}_1, \ldots, \mathfrak{u}_k, \mathfrak{b}_{k+1}$ eine Orthogonalbasis, denn es gilt $f(\mathfrak{u}_i, \mathfrak{u}_j) = \delta_{ij}$ für $i,j = 1, \ldots, k$ und $f(\mathfrak{b}_{k+1}, \mathfrak{u}_j) = f(\mathfrak{v}_{k+1}, \mathfrak{u}_j) -$
$f(\sum_{i=1}^{k} f(\mathfrak{v}_{k+1}, \mathfrak{u}_i)\, \mathfrak{u}_i, \mathfrak{u}_j) = f(\mathfrak{v}_{k+1}, \mathfrak{u}_j) -$
$\sum_{i=1}^{k} f(\mathfrak{v}_{k+1}, \mathfrak{u}_i)\, f(\mathfrak{u}_i, \mathfrak{u}_j) = f(\mathfrak{v}_{k+1}, \mathfrak{u}_j) -$
$\sum_{i=1}^{k} f(\mathfrak{v}_{k+1}, \mathfrak{u}_i)\delta_{ij} = 0$ für $j = 1, \ldots, k$. Setzen wir dann

$$\mathfrak{u}_{k+1} = \frac{\mathfrak{b}_{k+1}}{|\mathfrak{b}_{k+1}|}$$

so erhalten wir mit $\mathfrak{u}_1, \ldots, \mathfrak{u}_{k+1}$ eine ON-Basis von $\langle\langle \mathfrak{v}_1, \ldots, \mathfrak{v}_{k+1} \rangle\rangle$; damit ist dann (i) bewiesen.

Aus (i) folgt offenbar der Satz.

6. Senkrechte Teilräume

Sei (V,f) ein metrischer Vektorraum. Dann nennen wir für einen Teilraum T von V die Menge

$$T^{\perp} = \{ \mathfrak{x} \mid f(\mathfrak{x}, \mathfrak{y}) = 0 \qquad \forall \mathfrak{y} \in T \}$$

den zu T <u>senkrechten Teilraum</u>.

Daß $T^{\perp}$ Teilraum ist, ist klar: Aus $\mathfrak{x}, \mathfrak{x}' \in T^{\perp}$ folgt
$f(\mathfrak{x}, \mathfrak{y}) = 0$ und $f(\mathfrak{x}', \mathfrak{y}) = 0 \quad \forall \mathfrak{y} \in T$, also
$f(a\mathfrak{x} + b\mathfrak{x}', \mathfrak{y}) = af(\mathfrak{x}, \mathfrak{y}) + bf(\mathfrak{x}', \mathfrak{y}) = 0 \quad \forall \mathfrak{y} \in T$,
mithin $a\mathfrak{x} + b\mathfrak{x}' \in T^{\perp}$.

<u>Satz 2</u>. Ist (V,f) ein euklidischer oder unitärer Vektorraum und dim V endlich, so gilt für jeden Teilraum T :

$$\boxed{\dim T + \dim T^{\perp} = \dim V}$$

Beweis: Nach Satz 1 existiert eine ON-Basis $\mathfrak{n}_1, \ldots, \mathfrak{n}_r$ von T. Nach dem Orthogonalisierungsverfahren nach E. SCHMIDT kann diese fortgesetzt werden zu einer ON-Basis $\mathfrak{n}_1, \ldots, \mathfrak{n}_n$ von V. Wegen $f(\mathfrak{n}_i, \mathfrak{n}_j) = 0$ für $i \neq j$ ist

$$\langle\langle \mathfrak{n}_{r+1}, \ldots, \mathfrak{n}_n \rangle\rangle \subset T^{\perp}.$$

Wir überlegen nun die umgekehrte Inklusion:
Aus $\mathfrak{x} \in T^{\perp}$ folgt für $\mathfrak{x} = \sum_{i=1}^{n} x_i \mathfrak{n}_i$: $f(\mathfrak{x}, \mathfrak{n}_j) = x_j$ mit $j = 1, \ldots, n$. Da $\mathfrak{n}_1, \ldots, \mathfrak{n}_r \in T$, ist $x_1, \ldots, x_r = 0$. Also gilt $\mathfrak{x} = \sum_{i=r+1}^{n} x_i \mathfrak{n}_i$ und damit $\mathfrak{x} \in \langle \mathfrak{n}_{r+1}, \ldots, \mathfrak{n}_n \rangle$. Mithin ist
$T^{\perp} \subset \langle\langle \mathfrak{n}_{r+1}, \ldots, \mathfrak{n}_n \rangle\rangle$, also $T^{\perp} = \langle\langle \mathfrak{n}_{r+1}, \ldots, \mathfrak{n}_n \rangle\rangle$,
also $\dim T^{\perp} = n - r = \dim V - \dim T$, wie behauptet.

Folgerung: Es gilt $T \oplus T^{\perp} = V$.

7. Spezielle Typen von Abbildungen und Matrizen

Im Folgenden sei der Körper K stets der Körper $\mathbb{R}$ oder der Körper $\mathbb{C}$. Die Abbildung $a \to \bar{a}$ sei im Falle $K = \mathbb{R}$ die Identität und im Falle $K = \mathbb{C}$ die Abbildung, für die $\bar{a}$ die zu a konjugiert komplexe Zahl ist.

Ferner sei (V,f) ein euklidischer oder unitärer Vektorraum mit dim V = n .

Zu vorgegebener Dimension von V gibt es genau einen euklidischen und genau einen unitären Vektorraum.

Bei der folgenden Tabelle ist zu beachten:

Ist (V,f) euklidischer Vektorraum, so ist $K = \mathbb{R}$.

Ist (V,f) unitärer Vektorraum, so ist $K = \mathbb{C}$.

Zu den Endomorphismen eines euklidischen Vektorraumes gehören reelle Matrizen, zu den Endomorphismen eines unitären Vektorraumes komplexe Matrizen.

Ist $A = (a_{ik})$ eine komplexe Matrix, so bezeichnet $\bar{A} = (\bar{a}_{ik})$ die Matrix aus den konjugiert komplexen Elementen.

Die $n \times n$ - Matrix A heißt	Der Endomorphismus φ von (V,f) mit $\dim V = n$ heißt
symmetrisch oder HERMITEsch, wenn $A = \overline{A}'$ gilt. (Sie heißt symmetrisch, wenn A reell, sonst HERMITEsch).	selbstadjungiert, wenn gilt $f(\varphi(\mathfrak{x}), \mathfrak{y}) = f(\mathfrak{x}, \varphi(\mathfrak{y}))$ $\forall \mathfrak{x}, \mathfrak{y} \in V$.
orthogonal oder unitär, wenn sie regulär ist und wenn $A^{-1} = \overline{A}'$ gilt. (Sie heißt orthogonal, wenn A reell, sonst unitär.)	orthogonal oder unitär, wenn gilt $f(\varphi(\mathfrak{x}), \varphi(\mathfrak{y})) = f(\mathfrak{x}, \mathfrak{y})$ $\forall \mathfrak{x}, \mathfrak{y} \in V$. (Er heißt orthogonal, wenn (V,f) euklidisch, sonst unitär.)

Satz 3. Sei φ ein Endomorphismus eines euklidischen oder unitären Vektorraumes (V,f) mit endlicher Dimension.

(a) Genau dann ist φ selbstadjungiert für (V,f) euklidisch bzw. unitär, wenn $M(\varphi)$ (in bezug auf eine ON-Basis von (V,f)) symmetrisch bzw. HERMITEsch ist.

(b) Genau dann ist φ orthogonal bzw. unitär, wenn $M(\varphi)$ (in bezug auf eine ON-Basis von (V,f)) orthogonal bzw. unitär ist.

Beweis: Sei $\mathfrak{n}_1, \dots, \mathfrak{n}_n$ ON-Basis von (V,f). Dann ist $M(\varphi)$ für $\mathrm{Hom}(V,V)$ gegeben durch $M(\varphi) = (a_{ik})$ mit

$$\varphi(\mathfrak{n}_i) = \sum_{k=1}^{n} a_{ik} \mathfrak{n}_k \quad .$$

(a) φ selbstadjungiert $\Leftrightarrow$ $f(\varphi(\mathfrak{n}_i), \mathfrak{n}_j) = f(\mathfrak{n}_i, \varphi(\mathfrak{n}_j))$ für $i,j = 1,\dots,n$ $\Leftrightarrow$ $a_{ij} = \overline{a}_{ji}$.

(b) φ orthogonal oder unitär $\Leftrightarrow$ $f(\varphi(\mathfrak{n}_i), \varphi(\mathfrak{n}_j)) = f(\mathfrak{n}_i, \mathfrak{n}_j) = \delta_{ij}$ $\Leftrightarrow$ $f(\sum a_{ik}\mathfrak{n}_k, \sum a_{jl}\mathfrak{n}_l) = \delta_{ij}$ $\Leftrightarrow$ $\sum a_{ik} \cdot \overline{a}_{jl} \underbrace{f(\mathfrak{n}_k, \mathfrak{n}_l)}_{\delta_{kl}} = \delta_{ij}$ $\Leftrightarrow$ $\sum a_{ik}\overline{a}_{jk} = \delta_{ij}$ $\Leftrightarrow$

$$M(\varphi)\,\overline{M(\varphi)'} = E \;\curvearrowright\; M(\varphi)^{-1} = \overline{M(\varphi)'} .$$

8. Charakteristisches Polynom und Eigenwerte eines selbstadjungierten Endomorphismus

Satz 4. Das charakteristische Polynom eines selbstadjungierten Endomorphismus φ eines euklidischen oder unitären Vektorraumes (V,f) besitzt reelle und nur reelle Nullstellen.

Beweis: A) Sei (V,f) unitär.

Das charakteristische Polynom f von φ zerfällt in Linearfaktoren nach dem Hauptsatz der Algebra, da der Körper K gleich $\mathbb{C}$ ist. Wir schließen nun: sei c Nullstelle von f $\curvearrowright$ c ist Eigenwert von φ $\curvearrowright$ es existiert ein $\mathfrak{x} \neq \mathfrak{o}$ aus V mit $\varphi(\mathfrak{x}) = c\mathfrak{x}$ $\curvearrowright$ $f(\mathfrak{x},\mathfrak{x}) \neq 0$ und $cf(\mathfrak{x},\mathfrak{x}) = f(c\mathfrak{x},\mathfrak{x}) = f(\varphi(\mathfrak{x}),\mathfrak{x}) = f(\mathfrak{x},\varphi(\mathfrak{x})) = f(\mathfrak{x},c\mathfrak{x}) = \bar{c}f(\mathfrak{x},\mathfrak{x})$ $\curvearrowright$ $c = \bar{c}$

c ist reell.

B) Sei (V,f) euklidisch.

Wir führen diesen Fall durch Einbetten von (V,f) in einen unitären Vektorraum $(\overline{V},\overline{f})$ auf A) zurück.

Wir wählen eine ON-Basis $\mathfrak{n}_1,\dots,\mathfrak{n}_n$ in (V,f), dann ist nach (E):

$$f(\mathfrak{x},\mathfrak{y}) = \sum_{i=1}^{n} x_i y_i \qquad \text{für } \mathfrak{x} = \sum_{i=1}^{n} x_i\mathfrak{n}_i \;;\; \mathfrak{y} = \sum_{i=1}^{n} y_i\mathfrak{n}_i .$$

Offenbar dürfen wir uns daher o. B. d. A. auf den Fall $V = \mathbb{R}^n$ und f mit

$$(1) \qquad f((x_1,\dots,x_n),(y_1,\dots,y_n)) = \sum_{i=1}^{n} x_i y_i$$

beschränken. Eine ON-Basis für $(\mathbb{R}^n,f)$ ist:

$$\mathfrak{e}_1 = (1,0,\ldots,0)$$
$$\mathfrak{e}_2 = (0,1,\ldots,0)$$
$$\vdots$$
$$\mathfrak{e}_n = (0,\ldots,0,1)$$

Sei nun φ selbstadjungierter Endomorphismus von (V,f), dann ist die Matrix $M(\varphi) = M(\varphi, \mathfrak{e}_i, \mathfrak{e}_i)$ nach Satz 3 symmetrisch.
Wir betrachten nun $\overline{V} = \mathbb{C}^n$ und $\overline{f}$ mit

(2) $$\overline{f}((z_1,\ldots,z_n),(w_1,\ldots,w_n)) = \sum_{i=1}^{n} z_i\overline{w}_i \quad .$$

Dann ist $(\overline{V},\overline{f})$ unitär und $V \subset \overline{V}$ und $\{\mathfrak{e}_1,\ldots,\mathfrak{e}_n\}$ (die "Einheitsvektoren") eine ON-Basis auch von $(\overline{V},\overline{f})$.
$M(\varphi)$ ist Matrix aus reellen Zahlen, also auch $n \times n$ - Matrix über $\mathbb{C}$. Mithin existiert nach Satz 3 ein Endomorphismus $\overline{\varphi}$ von $\overline{V}$ mit $M(\overline{\varphi}) = M(\overline{\varphi}, \mathfrak{e}_i, \mathfrak{e}_i) = M(\varphi, \mathfrak{e}_i, \mathfrak{e}_i) = M(\varphi)$ (man beachte: $\overline{\varphi} \neq \varphi$, da $\overline{\varphi}$ Endomorphismus von $\overline{V}$ ist und φ Endomorphismus von $V \neq \overline{V}$ ist). Da $M(\varphi)$ symmetrisch ist, ist $M(\overline{\varphi})$ symmetrisch, also - da die Matrix nur aus reellen Zahlen besteht - ist $M(\overline{\varphi})$ auch HERMITEsch. Nach Satz 3 ist $\overline{\varphi}$ dann selbstadjungiert.
Da $\overline{\varphi}$ selbstadjungierter Endomorphismus des unitären Vektorraumes $(\overline{V},\overline{f})$ ist, sind nach A) die Nullstellen des charakteristischen Polynoms von $\overline{\varphi}$ reell, mithin auch die Nullstellen des charakteristischen Polynoms von $M(\overline{\varphi})$, also wegen $M(\overline{\varphi}) = M(\varphi)$ auch die des charakteristischen Polynoms von $M(\varphi)$ und damit die des charakteristischen Polynoms von φ. Damit gilt die Behauptung des Satzes auch für B).

Also ist Satz 4 bewiesen.

<u>Folgerung</u>: Alle Eigenwerte einer symmetrischen oder HERMITEschen Matrix sind reell.

<u>Satz 5.</u> Ist φ ein selbstadjungierter Endomorphismus eines euklidischen oder unitären Vektorraumes (V,f) mit endlicher Dimension, so besitzt (V,f) eine ON-Basis aus Eigenvektoren.

Beweis: Wir zeigen zunächst:

(i) Ist $\mathfrak{v}$ Eigenvektor von φ, so ist $\varphi(T) \subset T$ für $T = \langle\langle \mathfrak{v} \rangle\rangle^{\perp}$.

Aus $\varphi(\mathfrak{x}) \in \varphi(T)$, also $\mathfrak{x} \in T$ folgt $f(\mathfrak{x}, \mathfrak{v}) = 0$, mithin $f(\varphi(\mathfrak{x}), \mathfrak{v}) = f(\mathfrak{x}, \varphi(\mathfrak{v})) = f(\mathfrak{x}, c\,\mathfrak{v}) = \bar{c}\, f(\mathfrak{x}, \mathfrak{v}) = 0$, also $\varphi(\mathfrak{x}) \in \langle\langle \mathfrak{v} \rangle\rangle^{\perp} = T$.

Wir führen nun den Beweis von Satz 5 durch vollständige Induktion nach $n = \dim V$:

Induktionsanfang: $n = 1$: Nach Satz 4 existiert ein reeller Eigenwert für φ $\curvearrowright$ es existiert ein Eigenvektor $\mathfrak{v}$ für φ $\curvearrowright$ $\mathfrak{n}_1 = \frac{\mathfrak{v}}{|\mathfrak{v}|}$ ist ON-Basis aus Eigenvektoren von φ für (V,f).

Induktionsvoraussetzung: Die Behauptung gelte für $n - 1$.

Induktionsschluß: Sei $\dim V = n$. Nach Satz 4 existiert ein Eigenvektor $\mathfrak{v}$ für φ . Wir setzen $\mathfrak{n}_1 = \frac{\mathfrak{v}}{|\mathfrak{v}|}$ und $T = \langle\langle \mathfrak{n}_1 \rangle\rangle^{\perp}$. Dann ist (T,f) ein euklidischer bzw. unitärer Vektorraum mit $\dim T = \dim V - \dim T = \dim V - \dim \langle\langle \mathfrak{n}_1 \rangle\rangle = n - 1$ nach Satz 2. φ ist nach (i) selbstadjungierter Endomorphismus von T, also existiert nach Induktionsvoraussetzung eine ON-Basis $\mathfrak{n}_2, \ldots, \mathfrak{n}_n$ von T aus Eigenvektoren von φ . Mithin ist $\mathfrak{n}_1, \ldots, \mathfrak{n}_n$ ON-Basis von (V,f) aus Eigenvektoren von φ .

9. Eigenwerte und Eigenvektoren von orthogonalen oder unitären Endomorphismen

<u>Satz 6.</u> Die Eigenwerte eines orthogonalen oder unitären Endomorphismus φ eines euklidischen oder unitären Vektorraumes (V,f) haben den absoluten Betrag 1 .

Beweis: Wir schließen: c ist Eigenwert von φ $\curvearrowright$ es existiert $\mathfrak{x} \neq \mathfrak{o}$ mit $\varphi(\mathfrak{x}) = c\,\mathfrak{x}$ $\curvearrowright$ $f(\mathfrak{x},\mathfrak{x}) \neq 0$ und $c\bar{c}f(\mathfrak{x},\mathfrak{x}) = f(c\,\mathfrak{x}, c\,\mathfrak{x}) = f(\varphi(\mathfrak{x}), \varphi(\mathfrak{x})) = f(\mathfrak{x},\mathfrak{x})$ $\curvearrowright$ $c\bar{c} = 1$ $\curvearrowright$ $|c| = 1$.

Satz 7. Eigenvektoren mit verschiedenen Eigenwerten eines orthogonalen oder unitären Endomorphismus φ eines euklidischen oder unitären Vektorraumes (V,f) sind orthogonal.

Beweis: Seien $\mathfrak{x}, \mathfrak{x}'$ Eigenvektoren von φ mit Eigenwerten c,c' und $c \neq c'$. Aus $c\bar{c}'f(\mathfrak{x},\mathfrak{x}') = f(c\,\mathfrak{x}, c'\,\mathfrak{x}') = f(\varphi(\mathfrak{x}), \varphi(\mathfrak{x}')) = f(\mathfrak{x},\mathfrak{x}')$ folgt $f(\mathfrak{x},\mathfrak{x}') = 0$ oder $c\bar{c}' = 1$. Aus $c\bar{c}' = 1$ folgt wegen $c\bar{c} = 1$ (nach Satz 4) dann $\bar{c}' = \bar{c}$, also $c = c'$, im Widerspruch zur Voraussetzung. Also gilt $f(\mathfrak{x},\mathfrak{x}') = 0$.

Satz 8. Ist φ ein orthogonaler oder unitärer Endomorphismus eines euklidischen oder unitären Vektorraumes (V,f) , so ist $|\det \varphi| = 1$.

Beweis: Es ist $|\det\varphi| = \sqrt{\det\varphi\,\overline{\det\varphi}} = \sqrt{\det\varphi\,\overline{\det M(\varphi)}} = \sqrt{\det\varphi\,\det\overline{M(\varphi)}} = \sqrt{\det\varphi\,\det M(\varphi)^{-1}} = \sqrt{\det\varphi\,\det\varphi^{-1}} = \sqrt{\det\varphi\,\varphi^{-1}} = \sqrt{\det 1} = 1$.

10. Weitere Aussagen über unitäre oder orthogonale Matrizen

Satz 9. Für eine $n \times n$ - Matrix $A = (a_{ik})$ sind folgende Aussagen äquivalent:

(a) A ist orthogonal oder unitär.

(b) Die Zeilen von A bilden ein ON-System, d. h. es ist

$$\sum_{k=1}^{n} a_{ik}\bar{a}_{jk} = \delta_{ij}$$

(c) Die Spalten von A bilden ein ON-System, d. h. es ist

$$\sum_{k=1}^{n} a_{ki}\overline{a}_{kj} = \delta_{ij} \quad .$$

Der Beweis ist klar wegen $AA^{-1} = E = A^{-1}A$ und wegen $A^{-1} = \overline{A}'$.

<u>Satz 10</u>. Zu jeder symmetrischen oder HERMITEschen Matrix A gibt es eine orthogonale oder unitäre Matrix S derart, daß SAS^{-1} eine reelle Diagonalmatrix ist.

Beweis: Sei A eine $n \times n$ - Matrix und (V,f) ein euklidischer bzw. unitärer Vektorraum der Dimension n , wenn A symmetrisch bzw. HERMITEsch ist. Sei $\mathfrak{n}_1,\dots,\mathfrak{n}_n$ eine ON-Basis von (V,f) und φ der Endomorphismus mit $M(\varphi, \mathfrak{n}_i, \mathfrak{n}_i) = A$. Nach Satz 3 ist φ selbstadjungiert. Nach Satz 5 existiert eine ON-Basis $\mathfrak{n}_1',\dots,\mathfrak{n}_n'$ aus Eigenvektoren von φ für (V,f).
Es existiert die lineare Abbildung σ von V auf sich mit $\mathfrak{n}_i\sigma = \mathfrak{n}_i'$ für $i = 1,\dots,n$. Dann ist σ orthogonal bzw. unitär (je nachdem, ob (V,f) euklidisch oder unitär ist):

$$f(\sigma(\mathfrak{x}),\sigma(\mathfrak{y})) = f(\sigma(\sum x_i \mathfrak{n}_i),\sigma(\sum y_k \mathfrak{n}_k)) = \sum x_i y_k f(\sigma(\mathfrak{n}_i),\sigma(\mathfrak{n}_k))$$

$$= \sum x_i y_k f(\mathfrak{n}_i', \mathfrak{n}_k') = \sum x_i y_k f(\mathfrak{n}_i, \mathfrak{n}_k)$$

$$= f(\sum x_i \mathfrak{n}_i, \sum y_k \mathfrak{n}_k) = f(\mathfrak{x}, \mathfrak{y}) \quad \forall\, \mathfrak{x}, \mathfrak{y} \in V$$

Sei $S = M(\sigma, \mathfrak{n}_i, \mathfrak{n}_i)$, dann ist S nach Satz 3 orthogonal bzw. unitär, je nachdem, ob (V,f) euklidisch oder unitär ist. Es gilt dann $SAS^{-1} = M(\varphi, \mathfrak{n}_i', \mathfrak{n}_i') = B$, denn mit $A = (a_{ik})$ und $S = (s_{ik})$ und $B = (b_{ik})$ gilt wegen $\varphi(\mathfrak{n}_i) = \sum a_{ik}\mathfrak{n}_k$ und $\sigma(\mathfrak{n}_i) = \sum s_{ik}\mathfrak{n}_k$ und $\varphi(\mathfrak{n}_i') = \sum b_{ik}\mathfrak{n}_k'$ dann für $i = 1,\dots,n$

$$\sum_{l=1}^{n} \Big(\sum_{k=1}^{n} s_{ik} a_{kl} \Big) \mathfrak{n}_l = \sum_{k=1}^{n} s_{ik} \varphi(\mathfrak{n}_k) = \varphi\Big(\sum_{k=1}^{n} s_{ik} \mathfrak{n}_k \Big) = \varphi(\sigma(\mathfrak{n}_i))$$

$$= \varphi(\mathfrak{n}_i') = \sum_{k=1}^{n} b_{ik} \mathfrak{n}_k' = \sum_{k=1}^{n} b_{ik} \sigma(\mathfrak{n}_k)$$

$$= \sum_{l=1}^{n} \Big(\sum_{k=1}^{n} b_{ik} s_{kl} \Big) \mathfrak{n}_l \quad \curvearrowright$$

$$\sum_{k=1}^{n} s_{ik} a_{kl} = \sum_{k=1}^{n} b_{ik} s_{kl} \quad \text{für } i,l = 1,\ldots,n .$$

Mithin gilt $SA = BS$, also $SAS^{-1} = B$, wie behauptet.

Nach Satz 4 und 5 ist B eine reelle Diagonalmatrix.

§ 12 Euklidische und unitäre Vektorräume (Fortsetzung)

1. Die Gruppe der orthogonalen bzw. unitären Automorphismen

Satz 1. Die orthogonalen bzw. unitären Automorphismen eines euklidischen bzw. unitären Vektorraumes (V,f) bilden eine Gruppe.

Beweis: Die Multiplikation von orthogonalen bzw. unitären Automorphismen ist eine Verknüpfung: Sind σ,τ orthogonal bzw. unitär, so gilt $f(\sigma\tau(\mathfrak{x}),\sigma\tau(\mathfrak{y})) = f(\tau(\mathfrak{x}),\tau(\mathfrak{y})) = f(\mathfrak{x},\mathfrak{y})$ für alle $\mathfrak{x}$, $\mathfrak{y}$ aus V , also ist $\sigma\tau$ orthogonal bzw. unitär.
Das Assoziativgesetz gilt trivialerweise. Die identische Abbildung von V auf sich ist orthogonal bzw. unitär. Mit σ ist auch σ^{-1} orthogonal bzw. unitär. Es gilt:

$$f(\sigma^{-1}(\mathfrak{x}),\sigma^{-1}(\mathfrak{y})) = f(\sigma(\sigma^{-1}(\mathfrak{x})),\sigma(\sigma^{-1}(\mathfrak{y}))) = f(\mathfrak{x},\mathfrak{y})$$

für alle $\mathfrak{x}$, $\mathfrak{y}$ aus V .
Damit ist Satz 1 bewiesen.

Man beachte: Ein orthogonaler oder unitärer Endomorphismus σ eines euklidischen bzw. unitären Vektorraumes (V,f) endlicher Dimension ist ein Automorphismus: Nach § 11, Satz 3 ist die orthogonale oder unitäre Matrix $M(\sigma)$ eine reguläre $n \times n$ - Matrix. Also ist σ regulär und damit nach § 5 bijektiv. Bei endlicher Dimension des Vektorraumes V läßt sich Satz 1 als Aussage über Matrizen formulieren:

Satz 1': Die orthogonalen bzw. unitären $n \times n$ - Matrizen bilden hinsichtlich der Matrizenmultiplikation eine Gruppe.

Dem Beweis zu Satz 7 in § 11 entnehmen wir den folgenden Satz, wenn wir bedenken, daß es nach § 5 stets eine lineare Abbildung gibt, die eine Basis in eine andere überführt:

Satz 2. Seien $\mathfrak{n}_1,\ldots,\mathfrak{n}_n$ und $\mathfrak{n}'_1,\ldots,\mathfrak{n}'_n$ zwei ON-Basen eines euklidischen oder unitären Vektorraumes (V,f), dann ist die lineare Abbildung σ von V auf sich mit $\mathfrak{n}_i\sigma = \mathfrak{n}'_i$ orthogonal bzw. unitär.

Um Anschluß an die Theorie der HILBERT-Räume zu gewinnen, wie sie in der Quantentheorie gebraucht wird, wollen wir unendliche Basen für die euklidischen und unitären Vektorräume zulassen.

2. Nichtendliche Basen eines Vektorraumes

Definition: Seien (V,K) ein Vektorraum und A eine Menge von Vektoren aus V . Dann heißt A linear unabhängig, wenn jede in A enthaltene endliche Teilmenge B linear unabhängig ist.

Dies bedeutet: A ist linear unabhängig, wenn gilt: Aus $\sum_{i=1}^{n} a_i \mathfrak{v}_i = \mathfrak{o}$ für $\mathfrak{v}_1,\ldots,\mathfrak{v}_n$ aus A und $a_1,\ldots,a_n$ aus K folgt $a_1 = a_2 = \ldots = a_n = 0$.

Eine linear unabhängige Menge A von Vektoren eines Vektorraumes V heißt eine Basis von V , wenn jede A echt umfassende Teilmenge von Vektoren aus V linear abhängig (d. h. nicht linear unabhängig) ist.

(A) Ist A eine Basis des Vektorraumes V , so gibt es zu jedem $\mathfrak{x}$ aus V Vektoren $\mathfrak{v}_1,\ldots,\mathfrak{v}_n$ aus A und Elemente $a_1,\ldots,a_n$ aus K mit $\mathfrak{x} = \sum_{i=1}^{n} a_i \mathfrak{v}_i$.

Beweis: Die Menge $C = A \cup \{\mathfrak{x}\}$ ist nach Definition linear abhängig; also existiert eine endliche Teilmenge B von C , welche linear abhängig ist. Wäre $\mathfrak{x} \notin B$, so enthielte A die linear abhängige endliche Teilmenge B , was der linearen Unabhängigkeit von A widerspricht. Also ist $\mathfrak{x}$ ein Element von B und nach bekannten Schlüssen eine Linearkombination der übrigen Vektoren aus B . Damit gilt (A).

Die Definition einer ON-Basis eines euklidischen oder unitären Vektorraumes nichtendlicher Dimension lautet natürlich genauso wie für endliche Dimension.

Die Definition eines selbstadjungierten, eines orthogonalen, eines unitären Endomorphismus eines euklidischen oder unitären Vektorraumes nichtendlicher Dimension lautet wie in § 12, Satz 1 und der Beweis gilt auch für nichtendliche Dimension.

3. Approximation in euklidischen und unitären Vektorräumen

Sei (V,f) ein euklidischer oder unitärer Vektorraum beliebiger Dimension. Dann ist $|\mathfrak{a}| = +\sqrt{f(\mathfrak{a}, \mathfrak{a})}$ der Betrag oder die Länge des Vektors $\mathfrak{a}$. Die Zahl $|\mathfrak{a} - \mathfrak{b}|$ kann man dann als Abstand des durch $\mathfrak{a}$ gegebenen Punktes von dem durch $\mathfrak{b}$ gegebenen Punkt deuten. Daher liegt es nahe, allgemein den Abstand eines Punktes von einem Teilraum des Vektorraumes zu untersuchen. Hierüber beweisen wir den

Satz 3. Sei T ein endlich dimensionaler Teilraum eines euklidischen oder unitären Vektorraumes (V,f). Ist $\mathfrak{z}$ ein beliebiger Vektor aus V , so gibt es genau einen Vektor $\mathfrak{x}_0$ aus T mit

$$|\mathfrak{z} - \mathfrak{x}_0| = \underset{\mathfrak{x} \in T}{\mathrm{Min}} |\mathfrak{z} - \mathfrak{x}| .$$

Beweis: Sei W der von T und $\mathfrak{z}$ erzeugte Teilraum, d. h. sei für $T = \langle\langle \mathfrak{a}_1, \ldots, \mathfrak{a}_n \rangle\rangle$ dann $W = \langle \mathfrak{z}, \mathfrak{a}_1, \ldots, \mathfrak{a}_n \rangle$. Ist $\bar{f}$ die Beschränkung von f auf W , so ist $(W, \bar{f})$ euklidischer oder unitärer Vektorraum mit endlicher Dimension. Nach § 11,

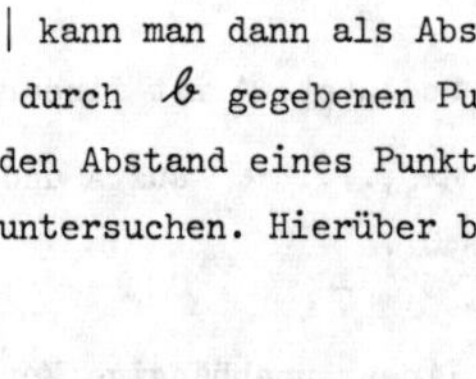

Satz 2 ist dann - wenn $T^{\perp}$ den zu T senkrechten Teilraum in W bezeichnet -

$$\dim T + \dim T^{\perp} = \dim W \quad .$$

Wegen $\dim(T + T^{\perp}) + \dim(T \cap T^{\perp}) = \dim T + \dim T^{\perp}$ und $T \cap T^{\perp} = \{\mathfrak{o}\}$ (da $\bar{f}$ positiv definit) folgt $T + T^{\perp} = W$, also $T \oplus T^{\perp} = W$. Also existiert zu $\mathfrak{z}$ genau ein $\mathfrak{x}_0$ aus T und genau ein $\mathfrak{x}_1 \in T^{\perp}$ mit $\mathfrak{z} = \mathfrak{x}_0 + \mathfrak{x}_1$.

Die Behauptung gilt dann für dies $\mathfrak{x}_0$: Sei $\mathfrak{x} \in T$, dann gilt

$$|\mathfrak{z} - \mathfrak{x}|^2 = |\mathfrak{z} - \mathfrak{x}_0 + \mathfrak{x}_0 - \mathfrak{x}|^2 =$$

$$= f(\mathfrak{z} - \mathfrak{x}_0 + \mathfrak{x}_0 - \mathfrak{x}, \mathfrak{z} - \mathfrak{x}_0 + \mathfrak{x}_0 - \mathfrak{x})$$

$$= |\mathfrak{z} - \mathfrak{x}_0|^2 + 2f(\mathfrak{z} - \mathfrak{x}_0, \mathfrak{x}_0 - \mathfrak{x}) + |\mathfrak{x}_0 - \mathfrak{x}|^2 .$$

Wegen $\mathfrak{z} - \mathfrak{x}_0 = \mathfrak{x}_1 \in T^{\perp}$ und $\mathfrak{x}_0 - \mathfrak{x} \in T$ folgt $f(\mathfrak{z} - \mathfrak{x}_0, \mathfrak{x}_0 - \mathfrak{x}) = 0$, also $|\mathfrak{z} - \mathfrak{x}|^2 = |\mathfrak{z} - \mathfrak{x}_0|^2 + |\mathfrak{x}_0 - \mathfrak{x}|^2$ und damit wegen $|\mathfrak{x}_0 - \mathfrak{x}|^2 \geqq 0$ dann $|\mathfrak{z} - \mathfrak{x}|^2 \geqq |\mathfrak{z} - \mathfrak{x}_0|^2$, mithin $|\mathfrak{z} - \mathfrak{x}| \geqq |\mathfrak{z} - \mathfrak{x}_0|$, wie behauptet.

<u>Korollar</u>: Unter den Voraussetzungen von Satz 3 gilt für $T = \langle\!\langle \mathfrak{v}_1, \dots, \mathfrak{v}_n \rangle\!\rangle$ und $\mathfrak{x}_0 = \sum_{i=1}^{n} a_i \mathfrak{v}_i$ folgendes Gleichungssystem für die Koeffizienten $a_1, \dots, a_n$:

$$\sum_{i=1}^{n} f(\mathfrak{v}_i, \mathfrak{v}_k) a_i = f(\mathfrak{z}, \mathfrak{v}_k) \quad \text{für } k = 1, \dots, n .$$

Beweis: Aus $f(\mathfrak{z} - \mathfrak{x}_0, \mathfrak{v}_k) = 0$ für $k = 1, \dots, n$ folgt

$$f(\mathfrak{z}, \mathfrak{v}_k) = f(\mathfrak{x}_0, \mathfrak{v}_k) = \sum_{i=1}^{n} a_i f(\mathfrak{v}_i, \mathfrak{v}_k) \quad .$$

Satz 3 beinhaltet die in der numerischen Mathematik wichtige Approximation im quadratischen Mittel. Wir wollen uns diese in einem Beispiel verdeutlichen:

Sei f eine in $[-1,+1]$ stetige Funktion einer reellen Veränderlichen. Wir wollen f durch ein Polynom g n-ten Grades so approximieren, daß der Fehler möglichst klein wird. Als Maß für den Fehler wollen wir das Integral wählen:

$$\int_{-1}^{+1} (f(x) - g(x))^2 dx \quad .$$

Also suchen wir ein Polynom $g(x) = \sum_{i=0}^{n} a_i x^i$, für welches das angegebene Integral den kleinstmöglichen Wert annimmt. Hat man ein solches, so sagt man, daß die Funktion f durch das Polynom g im quadratischen Mittel approximiert wird.

Die Aufgabe wird durch Satz 3 gelöst: Sei V der Vektorraum der in $[-1,+1]$ stetigen Funktion und f die Form mit

$$f(g,h) = \int_{-1}^{+1} g(x)h(x)dx \qquad \forall\, g,h \in V \, .$$

Sei T der Teilraum von V , der von den Polynomen $g_i(x) = x^i$ für $i = 0,\dots,n$ aufgespannt wird. Offenbar ist T der Teilraum aller Polynome von höchstens n-tem Grade. Dann gibt es nach Satz 3 zu der reellen, in $[-1,+1]$ stetigen Funktion f , also zu dem Element f des Vektorraumes V ein Element f_o aus T mit $|f - f_o| = \underset{g \in T}{\mathrm{Min}} |f - g|$. f_o ist dann eine Linearkombination der Funktionen g_i für $i = 0,\dots,n$, also ein Polynom der Form $f_o = \sum_{i=0}^{n} a_i x^i$. Für dieses Polynom nimmt dann das Integral

$$\int_{-1}^{+1} (f(x) - f_o(x))^2 dx = |f - f_o|^2 = \underset{g \in T}{\mathrm{Min}} |f - g|^2$$

den kleinstmöglichen Wert unter allen Polynomen von höchstens n-tem Grade an.

Die Koeffizienten des Polynoms f_o berechnen sich aus dem Gleichungssystem, welches im Korollar zu Satz 3 angegeben ist.

Speziell rechnen wir die Koeffizienten von f_o für die Funktion $f(x) = \sin x$ und $n = 2$ aus. Die Koeffizienten des Gleichungssystems sind

$$a_{ik} = f(g_i, g_k) = \int_{-1}^{+1} x^i x^k dx = \int_{-1}^{+1} x^{i+k} dx = \begin{cases} 0 \text{ , wenn } i+k \text{ ungerade} \\ \frac{2}{i+k+1} \text{, wenn } i+k \text{ gerade.} \end{cases}$$

Die rechte Seite des Gleichungssystems berechnet sich aus

$$b_k = \int_{-1}^{+1} x^k \sin x \, dx = \begin{cases} 0 & \text{, wenn } k = 0 \\ 2(\cos 1 + \sin 1) & \text{, wenn } k = 1 \\ \cos 1 + \sin 1 & \text{, wenn } k = 2 \end{cases} .$$

Also lautet das Gleichungssystem

$$\begin{aligned} 2a_o \qquad\quad + \frac{2}{3} a_2 &= 0 \\ \frac{2}{3} a_1 \qquad\qquad &= 2(\cos 1 + \sin 1) \\ \frac{2}{3} a_o \qquad\quad + \frac{2}{5} a_2 &= \cos 1 + \sin 1 \end{aligned}$$

Die Lösung ergibt dann folgendes Polynom:

$$f_o(x) = - \frac{15}{8} (\cos 1 + \sin 1) + 3(\cos 1 + \sin 1)x - \frac{45}{8} (\sin 1 + \cos 1)x^2 .$$

4. Approximation mit ON-Systemen

Wir wollen nun die Ergebnisse von 3. spezialisieren auf den Fall von ON-Systemen.

Sei (V,f) ein euklidischer oder unitärer Vektorraum und S ein abzählbares ON-System. Ist $\mathfrak{z}$ ein beliebiger Vektor aus V , so gilt nach Satz 3 für die "beste" Approximation $\mathfrak{x}_n$ von $\mathfrak{z}$ durch die ersten n Vektoren $\mathfrak{v}_1, \ldots, \mathfrak{v}_n$ aus S :

$$\mathfrak{x}_n = \sum_{k=1}^{n} f(\mathfrak{z}, \mathfrak{v}_k)\, \mathfrak{v}_k = \sum_{k=1}^{n} a_k \mathfrak{v}_k \; .$$

Denn nach Satz 3, Korollar, genügen die Koeffizienten a_k von $\mathfrak{x}_n$ dem Gleichungssystem $\sum_{k=1}^{n} f(\mathfrak{v}_i, \mathfrak{v}_k) a_i = f(\mathfrak{z}, \mathfrak{v}_k)$, also gilt wegen $f(\mathfrak{v}_i, \mathfrak{v}_k) = \delta_{ik}$ dann $a_k = f(\mathfrak{z}, \mathfrak{v}_k)$.

Der "Fehler" δ , d. h. die Abweichung der Approximation $\mathfrak{x}_n$ von dem "richtigen" Wert $\mathfrak{z}$, ist für jedes n gegeben durch $\delta^2 =$ $|\mathfrak{z} - \mathfrak{x}_n|^2 = f(\mathfrak{z} - \sum_{k=1}^{n} a_k \mathfrak{v}_k, \mathfrak{z} - \sum_{i=1}^{n} a_i \mathfrak{v}_i) = f(\mathfrak{z}, \mathfrak{z}) -$

$$\sum_{k=1}^{n} \bar{a}_k \underbrace{f(\mathfrak{z}, \mathfrak{v}_k)}_{a_k} - \sum_{k=1}^{n} a_k \underbrace{f(\mathfrak{v}_k, \mathfrak{z})}_{\bar{a}_k} + \sum a_i \bar{a}_k \underbrace{f(\mathfrak{v}_i, \mathfrak{v}_k)}_{\delta_{ik}}$$

$= f(\mathfrak{z}, \mathfrak{z}) - \sum_{k=1}^{n} |a_k|^2$. Also gilt:

$$(*) \quad \delta^2 = |\mathfrak{z} - \mathfrak{x}_n|^2 = f(\mathfrak{z}, \mathfrak{z}) - \sum_{k=1}^{n} |f(\mathfrak{z}, \mathfrak{v}_k)|^2 \quad \text{für}$$

$\mathfrak{x}_n = \sum_{k=1}^{n} f(\mathfrak{z}, \mathfrak{v}_k) a_k$. Mithin gilt für jedes n :

$$(1) \qquad \sum_{k=1}^{n} |a_k|^2 \leq f(\mathfrak{z}, \mathfrak{z}) = |\mathfrak{z}|^2 \; .$$

Ist S abzählbar unendlich, folgt aus (1), daß die Reihe $\sum_{k=1}^{\infty} |a_k|^2$ konvergent ist, und es gilt

(2) $$\sum_{k=1}^{\infty} |a_k|^2 \leqq |\mathfrak{z}|^2 \quad .$$

BESSELsche Ungleichung: In einem euklidischen oder unitären Vektorraum (V,f) gilt für ein abzählbar unendliches ON-System $S = \{\mathfrak{v}_1,\ldots,\mathfrak{v}_n,\ldots\}$ für jeden Vektor $\mathfrak{z}$ aus V die Ungleichung

$$\boxed{\sum_{k=1}^{\infty} |f(\mathfrak{z}, \mathfrak{v}_k)|^2 \leqq f(\mathfrak{z},\mathfrak{z})} \quad .$$

Für ein endliches ON-System $\mathfrak{v}_1,\ldots,\mathfrak{v}_n$ gilt die Ungleichung mit n anstelle von ∞ .

Definition: Ein ON-System $S = \{\mathfrak{v}_1,\ldots,\mathfrak{v}_n,\ldots\}$ in einem euklidischen oder unitären Vektorraum (V,f) heißt <u>vollständig</u>, wenn für jeden Vektor $\mathfrak{z}$ aus V gilt

$$\sum_{k=1}^{\infty} |f(\mathfrak{z}, \mathfrak{v}_k)|^2 = f(\mathfrak{z},\mathfrak{z})$$

(<u>PARSEVALsche Gleichung</u>). Ist S endlich und n die Anzahl der Elemente, so ist n anstelle von ∞ zu setzen.

Anders geschrieben lautet die BESSELsche Ungleichung:

$$\sum_{k=1}^{\infty} |a_k|^2 \leqq |\mathfrak{z}|^2 \quad .$$

Die PARSEVALsche Gleichung lautet:

$$\sum_{k=1}^{\infty} |a_k|^2 = |\mathfrak{z}|^2 \quad .$$

(B) Ein ON-System S eines euklidischen oder unitären Vektorraumes (V,f) endlicher Dimension ist genau dann vollständig, wenn es Basis von V ist.

Der Beweis wird durch folgende Äquivalenzen geliefert:

$S = \{ \mathfrak{v}_1, \dots, \mathfrak{v}_n \}$ Basis von V $\Leftrightarrow$ jeder Vektor $\mathfrak{z}$ ist Linearkombination der $\mathfrak{v}_1, \dots, \mathfrak{v}_n$ auf genau eine Weise: $\mathfrak{z} = \sum_{k=1}^{n} a_k \mathfrak{v}_k$

$$\Leftrightarrow \quad \mathfrak{z} = \sum_{k=1}^{n} f(\mathfrak{z}, \mathfrak{v}_k)\, \mathfrak{v}_k \quad \text{wegen } a_k = \sum_{i=1}^{n} a_i \delta_{ik} =$$

$$\sum_{i=1}^{n} a_i f(\mathfrak{v}_i, \mathfrak{v}_k) = f\Big(\sum_{i=1}^{n} a_i \mathfrak{v}_i, \mathfrak{v}_k\Big) = f(\mathfrak{z}, \mathfrak{v}_k) \Leftrightarrow$$

$$\mathfrak{z} = \mathfrak{x}_n = \sum_{k=1}^{n} f(\mathfrak{z}, \mathfrak{v}_k)\, \mathfrak{v}_k \quad \Leftrightarrow \quad |\mathfrak{z} - \mathfrak{x}_n|^2 = 0$$

wegen (∗) $f(\mathfrak{z}, \mathfrak{z}) = \sum_{k=1}^{n} |f(\mathfrak{z}, \mathfrak{v}_k)|^2 \Leftrightarrow$ S vollständig.

Als ein wichtiges Beispiel eines ON-Systems für einen euklidischen Vektorraum geben wir an:

(C) In dem euklidischen Vektorraum (V,f) mit V als der Menge der in $[-\pi, +\pi]$ stetigen Funktionen und f mit

$$f(g,h) = \int_{-\pi}^{+\pi} g(x)h(x)\,dx$$

sind $S = \left\{ \frac{1}{\sqrt{2\pi}}, \frac{\sin x}{\sqrt{\pi}}, \frac{\sin 2x}{\sqrt{\pi}}, \dots \right\}$ und

$S' = \left\{ \frac{1}{\sqrt{2\pi}}, \frac{\cos x}{\sqrt{\pi}}, \frac{\cos 2x}{\sqrt{\pi}}, \dots \right\}$ und $S \cup S'$ ON-Systeme.

Beweis: Für $\alpha = 0, \frac{\pi}{2}$ und $\beta = 0, \frac{\pi}{2}$ gilt

$$I = \int_{-\pi}^{+\pi} \cos(\underbrace{nx + \alpha}_{A}) \cos(\underbrace{mx + \beta}_{B})\,dx = \frac{1}{2} \int_{-\pi}^{+\pi} (\cos(A + B) + \cos(A - B))\,dx$$

$$= \frac{1}{2} \int_{-\pi}^{+\pi} (\cos((n+m)x + \alpha + \beta) + \cos((n-m)x + \alpha - \beta))\,dx = 0 \quad \text{für}$$

$n \neq m$, da über eine volle Periode integriert wird.

Für $n = m$ ist $\int_{-\pi}^{+\pi} \cos((n+m)x + \alpha + \beta)dx = 0$ aus gleichem Grunde.

Mithin ist für $n = m$:

$$I = \frac{1}{2}\int_{-\pi}^{+\pi} \cos(\alpha - \beta)dx = \pi\cos(\alpha - \beta) = \begin{cases} \pi & \text{für } \alpha = \beta \\ 0 & \text{für } \alpha = 0,\ \beta = \frac{\pi}{2} \text{ und} \\ & \phantom{\text{für }} \alpha = \frac{\pi}{2},\ \beta = 0 \end{cases} .$$

Also schließen wir:

$$(1) \qquad \frac{1}{\pi}\int_{-\pi}^{+\pi} \cos mx \cos nx\, dx = \begin{cases} 1 & \text{für } n = m \\ 0 & \text{für } n \neq m \end{cases}$$

$$(2) \qquad \frac{1}{\pi}\int_{-\pi}^{+\pi} \cos mx \sin nx\, dx = 0 \qquad \text{für alle } m,n$$

$$(3) \qquad \frac{1}{\pi}\int_{-\pi}^{+\pi} \sin mx \sin nx\, dx = \begin{cases} 1 & \text{für } n = m \\ 0 & \text{für } n \neq m \end{cases}$$

Endlich ist für $\alpha = 0, \frac{\pi}{2}$:

$$(4) \qquad \frac{1}{\sqrt{\pi}}\int_{-\pi}^{+\pi} \frac{1}{\sqrt{2\pi}} \cos(mx + \alpha)dx = 0 \quad ,$$

da über eine volle Periode integriert wird. Aus (1) bis (4) folgt, daß S bzw. S' und $S \cup S'$ orthonormiert sind.

Bemerkung: S bzw. S' bzw. $S \cup S'$ sind auch vollständig.

5. Konvergenz in euklidischen oder unitären Vektorräumen, FOURIERreihen

Da wir in euklidischen oder unitären Vektorräumen einen Abstandsbegriff haben, können wir die Konvergenz von Punkten auf der Zahlengerade unmittelbar auf beliebige euklidische oder unitäre Vektorräume übertragen.

Definition: Eine Folge $\mathfrak{x}_1, \ldots, \mathfrak{x}_n, \ldots$ von Vektoren eines euklidischen oder unitären Vektorraumes (V,f) heißt <u>konvergent gegen den Vektor $\mathfrak{x}$</u>, wenn es zu jedem $\varepsilon > 0$ eine natürliche Zahl N gibt mit

Aus $n > N$ folgt $|\mathfrak{x} - \mathfrak{x}_n| = \sqrt{f(\mathfrak{x} - \mathfrak{x}_n, \mathfrak{x} - \mathfrak{x}_n)} < \varepsilon$.

<u>Satz 4</u>. In einem euklidischen oder unitären Vektorraum (V,f) mit einem abzählbar unendlichen ON-System $S = \{\mathfrak{v}_1, \ldots, \mathfrak{v}_n, \ldots\}$ konvergieren für jeden Vektor $\mathfrak{z}$ aus V die Vektoren

$$\mathfrak{x}_n = \sum_{k=1}^{n} f(\mathfrak{z}, \mathfrak{v}_k)\, \mathfrak{v}_k$$

genau dann gegen $\mathfrak{z}$, wenn S vollständig ist.

Anders formuliert:

Genau dann ist

$$(**) \qquad \mathfrak{z} = \sum_{k=1}^{\infty} f(\mathfrak{z}, \mathfrak{v}_k)\, \mathfrak{v}_k$$

für jeden Vektor $\mathfrak{z}$, wenn S vollständig ist.

<u>Beweis</u>: Nach $(*)$ gilt

$$|\mathfrak{z} - \mathfrak{x}_n|^2 = f(\mathfrak{z}, \mathfrak{z}) - \sum_{k=1}^{n} |f(\mathfrak{z}, \mathfrak{v}_k)|^2 \quad \forall\, \mathfrak{z} \text{ aus V.}$$

Mithin gilt folgende Kette von Äquivalenzen: Folge $\mathfrak{x}_1, \ldots, \mathfrak{x}_n, \ldots$ konvergent gegen $\mathfrak{z} \Leftrightarrow \lim\limits_{n\to\infty} |\mathfrak{z} - \mathfrak{x}_n| = 0 \Leftrightarrow \lim\limits_{n\to\infty} |\mathfrak{z} - \mathfrak{x}_n|^2 = 0 \Leftrightarrow$
$\lim\limits_{n\to\infty}(f(\mathfrak{z}, \mathfrak{z}) - \sum_{k=1}^{n} |f(\mathfrak{z}, \mathfrak{v}_k)|^2) = 0 \quad \Leftrightarrow \quad f(\mathfrak{z}, \mathfrak{z}) =$

$$= \sum_{k=1}^{\infty} |f(\mathfrak{z}, \mathfrak{v}_k)|^2 \quad \curvearrowleft \quad \text{S vollständig .}$$

Definition: Für ein vollständiges ON-System $\{\mathfrak{v}_1,\ldots,\mathfrak{v}_n,\ldots\}$ eines euklidischen oder unitären Vektorraumes (V,f) heißt (**) die FOURIERreihe des Elementes $\mathfrak{z}$ aus V und die Elemente $f(\mathfrak{z}, \mathfrak{v}_k)$ heißen die FOURIER-Koeffizienten von $\mathfrak{z}$.

Im Beispiel (C) sehen die FOURIERsche Reihe bzw. die FOURIER-Koeffizienten wie folgt aus: Sei $g(x)$ eine in $[-\pi,+\pi]$ stetige Funktion. Dann gilt

$$\boxed{g(x) = \frac{a_o}{2} + \sum_{n=1}^{\infty} a_n \cos nx + b_n \sin nx}$$

mit

$$a_o = \frac{1}{\pi}\int_{-\pi}^{+\pi} g(x)dx$$

$$a_n = \frac{1}{\pi}\int_{-\pi}^{+\pi} g(x)\cos nx\, dx$$

$$b_n = \frac{1}{\pi}\int_{-\pi}^{+\pi} g(x)\sin nx\, dx \quad .$$

Denn es ist $f(\mathfrak{z}, \mathfrak{v}_k)$ hier $\int_{-\pi}^{+\pi} g(x)\frac{\sin nx}{\sqrt{\pi}}dx$ bzw.

$\int_{-\pi}^{+\pi} g(x)\frac{\cos nx}{\sqrt{\pi}}dx$ bzw. $\int_{-\pi}^{+\pi}\frac{1}{\sqrt{2\pi}}g(x)dx$, also $f(\mathfrak{z}, \mathfrak{v}_k)$ hier

gleich $\left(\int_{-\pi}^{+\pi} g(x)\frac{\sin nx}{\sqrt{\pi}}dx\right)\frac{\sin nx}{\sqrt{\pi}} = \left(\frac{1}{\pi}\int_{-\pi}^{+\pi} g(x)\sin nx\, dx\right)\sin nx$ bzw.

(entsprechend) $\left(\frac{1}{\pi}\int_{-\pi}^{+\pi} g(x)\cos nx\, dx\right)\cos nx$ und $\left(\int_{-\pi}^{+\pi} g(x)\frac{1}{\sqrt{2\pi}}dx\right)\frac{1}{\sqrt{2\pi}}$ =

$$\frac{1}{2\pi}\int_{-\pi}^{+\pi} g(x)dx = \frac{1}{2}\left(\frac{1}{\pi}\int_{-\pi}^{+\pi} g(x)dx\right) \quad .$$

Bricht die Reihe ab, spricht man von einem trigonometrischen Polynom.

Um sich die Entstehungsweise einer FOURIERreihe einer stetigen Funktion g(x) leicht zu merken, schreibe man zunächst mit unbestimmten Koeffizienten hin:

$$g(x) = \frac{a_o}{2} + \sum_{n=1}^{\infty} a_n \cos nx + b_n \sin nx \quad .$$

Unter der Annahme, daß die Reihe gleichmäßig konvergiert und die Funktion g(x) darstellt, wird dann formal durch "skalare Multiplikation":

$$\int_{-\pi}^{+\pi} g(x)\cos mx\, dx = \int_{-\pi}^{+\pi}\left(\frac{a_o}{2}\cos mx + \sum a_n \cos nx \cos mx + b_n \sin nx \cos mx\right)dx$$

$$= \int_{-\pi}^{+\pi}\frac{a_o}{2}\cos mx\, dx + \sum a_n \int_{-\pi}^{+\pi}\cos nx \cos mx\, dx + \sum b_n \int_{-\pi}^{+\pi}\sin nx \cos mx)dx$$

$$= \int_{-\pi}^{+\pi} a_m \cos^2 mx\, dx = a_m\cdot\pi \quad , \text{also} \quad a_m = \frac{1}{\pi}\int_{-\pi}^{+\pi} g(x)\cos mx\, dx \quad .$$

Analog

$$b_m = \frac{1}{\pi}\int_{-\pi}^{+\pi} g(x)\sin mx\, dx \quad ,$$

und endlich

$$\int_{-\pi}^{+\pi} g(x)dx = \int_{-\pi}^{+\pi}\frac{a_o}{2}dx + \sum a_n \int_{-\pi}^{+\pi}\cos nx\, dx + \sum b_n \int_{-\pi}^{+\pi}\sin nx\, dx =$$

$$\int_{-\pi}^{+\pi}\frac{a_o}{2}dx = a_o\pi \qquad\qquad a_o = \frac{1}{\pi}\int_{-\pi}^{+\pi} g(x)dx \quad .$$

Definition: Eine Folge $\mathfrak{x}_1, \ldots, \mathfrak{x}_n, \ldots$ von Vektoren eines euklidischen oder unitären Vektorraumes (V,f) heißt eine <u>CAUCHY-Folge</u>, wenn es zu jedem $\varepsilon > 0$ eine natürliche Zahl N gibt mit:

Aus $n,m > N$ folgt $|\mathfrak{x}_n - \mathfrak{x}_m| = \sqrt{f(\mathfrak{x}_n - \mathfrak{x}_m, \mathfrak{x}_n - \mathfrak{x}_m)} < \varepsilon$.

<u>Satz 5</u>. In einem euklidischen oder unitären Vektorraum (V,f) ist jede konvergente Folge eine CAUCHY-Folge.

Beweis: Sei $\mathfrak{x}_1, \ldots, \mathfrak{x}_n, \ldots$ eine konvergente Folge, welche gegen $\mathfrak{x}$ konvergiert.
Sei $\varepsilon > 0$ vorgegeben, dann existiert eine natürliche Zahl N mit:

Aus $n > N$ folgt $|\mathfrak{x} - \mathfrak{x}_n| < \frac{\varepsilon}{2}$.

Dann gilt $|\mathfrak{x}_n - \mathfrak{x}_m| \leqq |\mathfrak{x}_n - \mathfrak{x}| + |\mathfrak{x} - \mathfrak{x}_m| < \varepsilon \;\forall n,m > N$.

Also ist $\mathfrak{x}_1, \ldots, \mathfrak{x}_n, \ldots$ CAUCHY-Folge.

Bemerkung: Die Umkehrung von Satz 5 ist i. a. falsch!

Beispiel:

Sei V die Menge der in $[-1,+1]$ stetigen Funktionen und f die Form mit $f(g,h) = \int_{-1}^{+1} g(x)h(x)dx$. Dann konstruieren wir die Funktionen:

$$g_n(x) = \begin{cases} -1 & \text{für } -1 \leqq x \leqq -\frac{1}{n} \\ \text{linear} & \text{für } -\frac{1}{n} \leqq x \leqq +\frac{1}{n} \\ +1 & \text{für } \frac{1}{n} \leqq x \leqq 1 \end{cases}$$

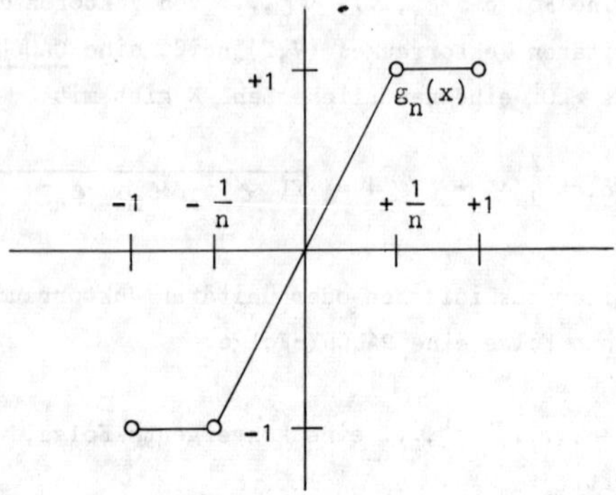

Die Folge $g_1(x),\ldots,g_n(x),\ldots$ ist eine CAUCHY-Folge; denn es gilt:

$|g_n(x) - g_m(x)| = \int_{-1}^{+1}(g_n - g_m)^2 dx \leqq 2^2 \cdot 2^2 \cdot \max(\frac{1}{n},\frac{1}{m})^2 < \varepsilon$ für genügend große n,m.

Wäre $g_1(x),\ldots,g_n(x),\ldots$ konvergent, so gäbe es $g(x)$ mit $\lim\limits_{n\to\infty} |g(x) - g_n(x)| = 0$, es wäre $\lim\limits_{n\to\infty} \int_{-1}^{+1}(g(x) - g_n(x))^2\, dx = 0$, also $g(x) = -1$ für $-1 \leqq x < 0$ und $g(x) = +1$ für $1 \geqq x > 0$. Also ist $g(x)$ nicht stetig, also kein Element von V.

Definition: Ein euklidischer oder unitärer Vektorraum, in welchem jede CAUCHY-Folge konvergent ist, heißt ein reeller oder komplexer <u>HILBERT-Raum</u>.

<u>Satz 6</u>. Ein ON-System $S = \{\mathfrak{v}_1,\ldots,\mathfrak{v}_n,\ldots\}$ in einem HILBERT-Raum (V,f) ist genau dann vollständig, wenn gilt für alle Vektoren $\mathfrak{z}$ aus V:

(***) Aus $f(\mathfrak{z},\mathfrak{v}_k) = 0$ für $k = 1,\ldots,n,\ldots$ folgt $\mathfrak{z} = \mathfrak{o}$.

Beweis: A) S sei vollständig. Sei $\mathfrak{z}$ ein Vektor mit $f(\mathfrak{z},\mathfrak{v}_k) = 0$ für $k = 1,2,\ldots,n,\ldots$ Nach Satz 4 ist dann $\mathfrak{z} = \sum_{k=1}^{\infty} f(\mathfrak{z},\mathfrak{v}_k)\mathfrak{v}_k = \mathfrak{o}$.

B) Es möge (**) gelten. Wir zeigen, daß jeder Vektor $\mathfrak{z}$ aus V gleich seiner FOURIERreihe ist.
Sei also $\mathfrak{x}_n = \sum_{k=1}^{n} f(\mathfrak{z}, \mathfrak{v}_k)\, \mathfrak{v}_k$. Dann ist für $n < m$ ersichtlich $|\mathfrak{x}_n - \mathfrak{x}_m|^2 = |\sum_{k=n+1}^{m} f(\mathfrak{z}, \mathfrak{v}_k)\, \mathfrak{v}_k|^2 = \sum_{k=n+1}^{m} |f(\mathfrak{z}, \mathfrak{v}_k)|^2$.

Da nach der BESSELschen Ungleichung $\sum |f(\mathfrak{z}, \mathfrak{v}_k)|^2 \leqq f(\mathfrak{z}, \mathfrak{z})$ ist, also $\sum |f(\mathfrak{z}, \mathfrak{v}_k)|^2$ konvergiert, gibt es zu jedem $\varepsilon > 0$ ein N mit

$$|\mathfrak{x}_n - \mathfrak{x}_m|^2 < \varepsilon \qquad \forall\ m,n \text{ mit } m,n > N .$$

Also ist die Folge $\mathfrak{x}_1, \ldots, \mathfrak{x}_n, \ldots$ eine CAUCHY-Folge. Nach Definition existiert ein $\mathfrak{y}$ in V mit $\lim_{i \to \infty} \mathfrak{x}_i = \mathfrak{y}$. Dann ist

$$\lim_{n\to\infty} |f(\mathfrak{y}, \mathfrak{v}_k) - f(\mathfrak{z}, \mathfrak{v}_k)| = \lim_{n\to\infty} |f(\mathfrak{y}, \mathfrak{v}_k) - f(\mathfrak{x}_n, \mathfrak{v}_k)| =$$

SCHWARZsche Ungleichung

$$= \lim_{n\to\infty} |f(\mathfrak{y} - \mathfrak{x}_n, \mathfrak{v}_k)| \leqq \lim_{n\to\infty} |\mathfrak{y} - \mathfrak{x}_n| \cdot |\mathfrak{v}_k| =$$

$= \lim_{n\to\infty} |\mathfrak{y} - \mathfrak{x}_n| = 0$. Also gilt $f(\mathfrak{y}, \mathfrak{v}_k) = f(\mathfrak{z}, \mathfrak{v}_k)$ für jedes k , also $f(\mathfrak{y} - \mathfrak{z}, \mathfrak{v}_k) = 0$ für $k = 1, \ldots, n, \ldots$, also ist nach (**) $\mathfrak{y} - \mathfrak{z} = \mathfrak{o}$ und somit $\mathfrak{y} = \mathfrak{z}$. Mithin konvergiert die Folge $\mathfrak{x}_1, \ldots, \mathfrak{x}_n, \ldots$ gegen $\mathfrak{z}$, also ist S nach Satz 4 vollständig.

Ohne Beweis geben wir an:

<u>Satz 7</u>: Jeder HILBERT-Raum besitzt vollständige ON-Systeme.

Als Beispiel eines HILBERT-Raums nennen wir den HILBERTschen Folgenraum: Sei F die Menge aller Folgen aus $\left\{ \begin{matrix} \text{reellen} \\ \text{komplexen} \end{matrix} \right\}$ Zahlen. Dann ist F ein Vektorraum über $\left\{ \begin{matrix} \mathbb{R} \\ \mathbb{C} \end{matrix} \right\}$. Wir bezeichnen die Folge $x_1, \ldots, x_n, \ldots$ mit $\mathfrak{x}$ bzw. $\{x_n\}$.

Sei $H = \left\{ \{x_n\} \mid \sum_{k=1}^{\infty} |x_k|^2 \text{ ist konvergent} \right\}$.

H ist ein Unterraum von F . In H erklären wir eine Form f durch:

$$f(\mathfrak{x}, \mathfrak{y}) = \sum_{k=1}^{\infty} x_k \bar{y}_k \quad \text{für} \quad \mathfrak{x} = \{x_n\} \; ; \; \mathfrak{y} = \{y_n\} \quad .$$

Für $\mathfrak{x}, \mathfrak{y} \in H$ ist $f(\mathfrak{x}, \mathfrak{y}) \in \left\{ \begin{matrix} \mathbb{R} \\ \mathbb{C} \end{matrix} \right\}$, denn es gilt für jedes n (nach der SCHWARZschen Ungleichung)

$$\left| \sum_{k=1}^{n} x_k \bar{y}_k \right| \leqq \sqrt{\sum_{k=1}^{n} |x_k|^2} \sqrt{\sum_{k=1}^{n} |y_k|^2} \quad .$$

Also ist auch

$$\left| \sum_{k=1}^{\infty} x_k \bar{y}_k \right| \leqq \sqrt{\sum_{k=1}^{\infty} |x_k|^2} \sqrt{\sum_{k=1}^{\infty} |y_k|^2} \quad .$$

Die rechte Seite ist aber endlich.
Man prüft leicht nach, daß (H,f) ein HILBERT-Raum ist.

Man kann die Elemente des HILBERTschen Folgenraumes auch wie folgt schreiben:

$$\mathfrak{x} = (x_1, x_2, \dots, x_n, \dots)$$
$$\mathfrak{y} = (y_1, y_2, \dots, y_n, \dots) \quad .$$

S a c h v e r z e i c h n i s

Ergänzende und weiterführende Literatur

BOURBAKI, N. : Eléments de Mathématique, Livre II, Chapitre 2, Algèbre Linéaire. Paris 1962

GREUB, W. H. : Lineare Algebra. 3. Auflage. Berlin, Heidelber, New York 1967

GROTMEYER, K. P. : Analytische Geometrie. 3. Aufl. Berlin 1964

KOWALSKY, H.-J. : Lineare Algebra. 4. Aufl. Berlin 1969

KUIPER, N. H. : Lineare Algebra und Geometry. Amsterdam 1965

NEF, W. : Lehrbuch der linearen Algebra. Basel und Stuttgart 1966

PESCHL, E. : Analytische Geometrie und lineare Algebra. Mannheim 1968

PICKERT, G. : Analytische Geometrie. 6. Aufl. Leipzig 1967

SPERNER, E. : Einführung in die analytische Geometrie und Algebra I , II . 4. Aufl. Göttingen 1961

TIETZ, H. : Lineare Geometrie. Münster 1967

Inhaltsverzeichnis

Sachgebiete

Zeichenerklärung
HTB = B.I.-Hochschultaschenbücher.
Wv = B.I.-Wissenschaftsverlag (Einzelwerke und Reihen).
M.F.O. = Mathematische Forschungsberichte Oberwolfach.
Stand: Mai 1981

Mathematik

Aitken, A. C.
Determinanten und Matrizen
142 S. mit Abb. 1969. (HTB 293)

Andrié, M./P. Meier
Lineare Algebra und analytische Geometrie. Eine anwendungsbezogene Einführung
243 S. 1977. (HTB 84)

Artmann, B./W. Peterhänsel/ E. Sachs
Beispiele und Aufgaben zur linearen Algebra
150 S. 1978. (HTB 783)

Aumann, G.
Höhere Mathematik
Band I: Reelle Zahlen, Analytische Geometrie, Differential- und Integralrechnung. 243 S. mit Abb. 1970. (HTB 717)
Band II: Lineare Algebra, Funktionen mehrerer Veränderlicher. 170 S. mit Abb. 1970. (HTB 718)
Band III: Differentialgleichungen. 174 S. 1971. (HTB 761)

Bandelow, Ch.
Einführung in die Wahrscheinlichkeitstheorie
206 S. 1981. (HTB 798)

Barner, M./W. Schwarz (Hrsg.)
Zahlentheorie
235 S. 1971. (M. F. O. 5)

Behrens, E.-A.
Ringtheorie
405 S. 1975. Wv.

Böhmer, K./G. Meinardus/ W. Schempp (Hrsg.)
Spline-Funktionen. Vorträge und Aufsätze
415 S. 1974. Wv.

Brandt, S.
Datenanalyse. Mit statistischen Methoden und Computerprogrammen
Etwa 450 S. 2., erw. Aufl. 1981. Wv.

Brauner, H.
Geometrie projektiver Räume
Band I: Projektive Ebenen, projektive Räume. 235 S. 1976. Wv.
Band II: Beziehungen zwischen projektiver Geometrie und linearer Algebra. 258 S. 1976. Wv.

Brosowski, B.
Nichtlineare Tschebyscheff-Approximation
153 S. 1968. (HTB 808)

Brosowski, B./R. Kreß
Einführung in die numerische Mathematik
Teil I: Gleichungssysteme, Approximationstheorie. 223 S. 1975. (HTB 202)
Teil II: Interpolation, numerische Integration, Optimierungsaufgaben. 124 S. 1976. (HTB 211)

Brunner, G.
Homologische Algebra
213 S. 1973. Wv.

Cartan, H.
Differentialformen
250 S. 1974. Wv.

Cartan, H.
Differentialrechnung
236 S. 1974. Wv.

Cartan, H.
Elementare Theorie der analytischen Funktionen einer oder mehrerer komplexen Veränderlichen
236 S. mit Abb. 1966. (HTB 112)

Cigler, J./H.-C. Reichel
Topologie. Eine Grundvorlesung
257 S. 1978. (HTB 121)

Degen, W./K. Böhmer
Gelöste Aufgaben zur Differential- und Integralrechnung
Band I: Eine reelle Veränderliche. 254 S. 1971. (HTB 762)

Dombrowski, P.
Differentialrechnung I und Abriß der linearen Algebra
271 S. mit Abb. 1970. (HTB 743)

Egle, K.
Graphen und Präordnungen
207 S. 2. Aufl. 1981. Wv.

Eisenack, G./C. Fenske
Fixpunkttheorie
258 S. 1978. Wv.

Elsgolc, L. E.
Variationsrechnung
157 S. mit Abb. 1970. (HTB 431)

Eltermann, H.
Grundlagen der praktischen Matrizenrechnung
128 S. mit Abb. 1969. (HTB 434)

Erwe, F.
Differential- und Integralrechnung
Band I: Differentialrechnung. 364 S. mit Abb. 1962. (HTB 30)
Band II: Integralrechnung. 197 S. mit 50 Abb. 1973. (HTB 31)

Erwe, F.
Gewöhnliche Differentialgleichungen
152 S. mit 11 Abb. 1964. (HTB 19)

Erwe, F.
Reelle Analysis
(Reihe: Mathematik für Physiker, Band 5)
360 S. 1978. Wv.

Erwe F./E. Peschl
Partielle Differentialgleichungen erster Ordnung
133 S. 1973. (HTB 87)

Felscher, W.
Naive Mengen und abstrakte Zahlen
Band I: Die Anfänge der Mengenlehre und die natürlichen Zahlen. 260 S. 1978. Wv.
Band II: Die Struktur der algebraischen und der reellen Zahlen. 222 S. 1978. Wv.
Band III: Transfinite Methoden. 272 S. 1979. Wv.

Fuchssteiner, B./D. Laugwitz
Funktionalanalysis
(Reihe: Mathematik für Physiker, Band 9)
219 S. 1974. Wv.

Gericke, H.
Geschichte des Zahlbegriffs
163 S. mit Abb. 1970. (HTB 172)

Goffman, C.
Reelle Funktionen
331 S. Aus dem Englischen. 1976. Wv.

Gröbner, W.
Algebraische Geometrie
Band I: Allgemeine Theorie der kommutativen Ringe und Körper.
193 S. 1968. (HTB 273)

Gröbner, W.
Differentialgleichungen I. Gewöhnliche Differentialgleichungen
(Reihe: Mathematik für Physiker, Band 6)
188 S. 1977. Wv.

Gröbner, W.
Differentialgleichungen II. Partielle Differentialgleichungen
(Reihe: Mathematik für Physiker, Band 7)
157 S. 1977. Wv.

Gröbner, W.
Matrizenrechnung
276 S. mit Abb. 1966. (HTB 103)

Gröbner, W./H. Knapp
Contributions to the Method of Lie Series
In englischer Sprache.
265 S. 1967. (HTB 802)

Grotemeyer, K. P./E. Letzner/ R. Reinhardt
Topologie
187 S. mit Abb. 1969. (HTB 836)

Hämmerlin, G.
Numerische Mathematik I
Band I: Approximation, Interpolation, Numerische Quadratur, Gleichungssysteme.
199 S. 2., überarbeitete Aufl. 1978. (HTB 498)

Hasse, H./P. Roquette (Hrsg.)
Algebraische Zahlentheorie
272 S. 1966. (M.F.O. 2)

Heidler, K./H. Hermes/ F.-K. Mahn
Rekursive Funktionen
248 S. 1977. Wv.

Heil, E.
Differentialformen
207 S. 1974. Wv.

Hein, O.
Graphentheorie für Anwender
141 S. 1977. (HTB 83)

Hein, O.
Statistische Verfahren der Ingenieurpraxis
197 S. Mit 5 Tabellen, 6 Diagrammen, 43 Beispielen. 1978. (HTB 119)

Hellwig, G.
Höhere Mathematik
Band I/1. Teil: Zahlen, Funktionen, Differential- und Integralrechnung einer unabhängigen Variablen.
284, IX S. 1971. (HTB 553)

Band I/2. Teil: Theorie der Konvergenz, Ergänzungen zur Integralrechnung, das Stieltjes-Integral.
137 S. 1972. (HTB 560)

Hengst, M.
Einführung in die mathematische Statistik und ihre Anwendung
259 S. mit Abb. 1967. (HTB 42)

Henze, E.
Einführung in die Maßtheorie
235 S. 1971. (HTB 505)

Heyer, H.
Einführung in die Theorie Markoffscher Prozesse
253 S. 1979. Wv.

Hirzebruch, F./W. Scharlau
Einführung in die Funktionalanalysis
178 S. 1971. (HTB 296)

Hlawka, E.
Theorie der Gleichverteilung
152 S. 1979. Wv.

Holmann, H./H. Rummler
Alternierende Differentialformen
257 S. 2., durchgesehene Aufl. 1981. Wv.

Horvath, H.
Rechenmethoden und ihre Anwendung in Physik und Chemie
142 S. 1977. (HTB 78)

Hoschek, J.
Liniengeometrie
VI, 263 S. mit Abb. 1971. (HTB 733)

Hoschek, J./G. Spreitzer
Aufgaben zur darstellenden Geometrie
229 S. mit Abb. 1974. Wv.

Ince, E. L.
Die Integration gewöhnlicher Differentialgleichungen
180 S. Aus dem Englischen. 1965. (HTB 67)

Joachim, E.
Einführung in die Algebra
168 S. 2. Aufl. 1980. (HTB 138)

Jordan-Engeln, G./F. Reutter
Formelsammlung zur Numerischen Mathematik mit Fortran 77-Programmen
Etwa 380 S. 3., überarb. und erweiterte Aufl. 1981. (HTB 106)

Jordan-Engeln, G./F. Reutter
Numerische Mathematik für Ingenieure
XIV, 364 S. mit Abb. 2., überarbeitete Aufl. 1978. (HTB 104)

Kaiser, R./G. Gottschalk
Elementare Tests zur Beurteilung von Meßdaten
68 S. 1972. (HTB 774)

Kießwetter, K.
Reelle Analysis einer Veränderlichen. Ein Lern- und Übungsbuch
316 S. 1975. (HTB 269)

Kießwetter, K./R. Rosenkranz
Lösungshilfen für Aufgaben zur reellen Analysis einer Veränderlichen
231 S. 1976. (HTB 270)

Klingbeil, E.
Tensorrechnung für Ingenieure
197 S. mit Abb. 1966. (HTB 197)

Klingbeil, E.
Variationsrechnung
332 S. 1977. Wv.

Klingenberg, W. (Hrsg.)
Differentialgeometrie im Großen
351 S. 1971. (M.F.O. 4)

Klingenberg, W./P. Klein
Lineare Algebra und analytische Geometrie
Band I: Grundbegriffe, Vektorräume. XII, 288 S. 1971. (HTB 748)
Band II: Determinanten, Matrizen, Euklidische und unitäre Vektorräume. XVIII, 404 S. 1972. (HTB 749)

Klingenberg, W./P. Klein
Lineare Algebra und analytische Geometrie. Übungen zu Band I–II
VIII, 172 S. 1973. (HTB 750)

Laugwitz, D.
Infinitesimalkalkül. Kontinuum und Zahlen. Eine elementare Einführung in die Nichtstandard-Analysis
187 S. 1978. Wv.

Laugwitz, D.
Ingenieurmathematik
Band I: Zahlen, analytische Geometrie, Funktionen.
158 S. mit 43 Abb. 1964. (HTB 59)
Band II: Differential- und Integralrechnung.
152 S. mit 43 Abb. 1964. (HTB 60)
Band III: Gewöhnliche Differentialgleichungen.
141 S. 1964. (HTB 61)
Band IV: Fourier-Reihen, verallgemeinerte Funktionen, mehrfache Integrale, Vektoranalysis, Differentialgeometrie, Matrizen, Elemente der Funktionalanalysis.
196 S. mit Abb. 1967. (HTB 62)
Band V: Komplexe Veränderliche.
158 S. mit Abb. 1965. (HTB 93)

Laugwitz, D./C. Schmieden
Aufgaben zur Ingenieurmathematik
182 S. 1966. (HTB 95)

Lebedew, N. N.
Spezielle Funktionen und ihre Anwendung
372 S. mit Abb. Aus dem Russischen. 1973. Wv.

Lighthill, M. J.
Einführung in die Theorie der Fourieranalysis und der verallgemeinerten Funktionen
96 S. mit Abb. Aus dem Englischen. 1966. (HTB 139)

Lingenberg, R.
Grundlagen der Geometrie
224 S. mit Abb. 3., durchgesehene Aufl. 1978. Wv.

Lingenberg, R.
Lineare Algebra
161 S. 1969. (HTB 828)

Lorenzen, P.
Metamathematik
175 S. 2. Aufl. 1980. Wv.

Lüneburg, H.
Galoisfelder, Kreisteilungskörper und Schieberegisterfolgen
143 S. 1979. Wv.

Lutz, D.
Topologische Gruppen
175 S. 1976. Wv.

Mainzer, K.
Geschichte der Geometrie
232 S. 1980. Wv.

Marsal, D.
Die numerische Lösung partieller Differentialgleichungen in Wissenschaft und Technik
XXVIII, 574 S. mit Abb. 1976. Wv.

Martensen, E.
Analysis.
Für Mathematiker, Physiker, Ingenieure
Band I: Grundlagen der Infinitesimalrechnung.
IX, 200 S. 2. Aufl. 1976. (HTB 832)
Band II: Aufbau der Infinitesimalrechnung.
VIII, 176 S. 2., neu bearbeitete Aufl. 1978. (HTB 833)
Band III: Gewöhnliche Differentialgleichungen.
IX, 237 S. mit 52 Abb. 2., neu bearbeitete Aufl. 1980. (HTB 834)

Meinardus, G.
Approximation in Theorie und Praxis. Ein Symposiumsbericht
304 S. 1979. Wv.

Meinardus, G./G. Merz
Praktische Mathematik I.
Für Ingenieure, Mathematiker und Physiker
346 S. 1979. Wv.

Meschkowski, H.
Einführung in die moderne Mathematik
214 S. mit 44 Abb. 3., verbesserte Aufl. 1971. (HTB 75)

Meschkowski, H.
Elementare Wahrscheinlichkeitsrechnung und Statistik
(Reihe: Mathematik für Physiker, Band 3)
188 S. 1972. Wv.

Meschkowski, H.
Funktionen
(Reihe: Mathematik für Physiker, Band 2)
179 S. mit 66 Abb. 1970. Wv.

Meschkowski, H.
Grundlagen der Euklidischen Geometrie
231 S. mit 145 Abb. 2., verbesserte Aufl. 1974. Wv.

Meschkowski, H.
Mathematik und Realität. Vorträge und Aufsätze.
184 S. 1979. Wv.

Meschkowski, H.
Mathematiker-Lexikon
342 S. 3., überarbeitete und ergänzte Aufl. 1980. Wv.

Meschkowski, H.
Mathematisches Begriffswörterbuch
315 S. mit Abb. 4. Aufl. 1976. (HTB 99)

Meschkowski, H.
Mehrsprachenwörterbuch mathematischer Begriffe
135 S. 1972. Wv.

Meschkowski, H.
Problemgeschichte der Mathematik I
206 S. 1979. Wv.

Meschkowski, H.
Problemgeschichte der Mathematik II
235 S. 1981. Wv.

Meschkowski, H.
Problemgeschichte der neueren Mathematik (1800–1950)
314 S. mit Abb. 1978. Wv.

Meschkowski, H.
Richtigkeit und Wahrheit in der Mathematik
219 S. 2., durchgesehene Aufl. 1978. Wv.

Meschkowski, H.
Unendliche Reihen
Etwa 330 S. 2., verb. und erweiterte Aufl. 1981. Wv.

Meschkowski, H.
Ungelöste und unlösbare Probleme der Geometrie
204 S. 2., verb. und erweiterte Aufl. 1975. Wv.

Meschkowski, H.
Wahrscheinlichkeitsrechnung
233 S. mit Abb. 1968. (HTB 285)

Meschkowski, H.
Zahlen
(Reihe: Mathematik für Physiker, Band 1)
174 S. mit 37 Abb. 1970. Wv.

Meschkowski, H./I. Ahrens
Theorie der Punktmengen
183 S. mit Abb. 1974. Wv.

Niven, I./H. S. Zuckerman
Einführung in die Zahlentheorie
Band I: Teilbarkeit, Kongruenzen, quadratische Reziprozität u. a.
213 S. Aus dem Englischen. 1976. (HTB 46)
Band II: Kettenbrüche, algebraische Zahlen, die Partitionsfunktion u. a.
186 S. Aus dem Englischen. 1976. (HTB 47)

Noble, B.
Numerisches Rechnen
Band II: Differenzen, Integration und Differentialgleichungen.
246 S. Aus dem Englischen. 1973. (HTB 147)

Oberschelp, A.
Elementare Logik und Mengenlehre
Band I: Die formalen Sprachen, Logik.
254 S. 1974. (HTB 407)
Band II: Klassen, Relationen, Funktionen, Anfänge der Mengenlehre.
229 S. 1978. (HTB 408)

Peschl, E.
Differentialgeometrie
92 S. 1973. (HTB 80)

Peschl, E.
Funktionentheorie
Band I: 274 S. mit Abb. 1967. (HTB 131)

Poguntke, W./R. Wille
Testfragen zur Analysis I
117 S. 2. Aufl. 1980. (HTB 781)

Preuß, G.
Grundbegriffe der Kategorientheorie
105 S. 1975. (HTB 739)

Reiffen, H.-J./G. Scheja/U. Vetter
Algebra
272 S. mit Abb. 1969. (HTB 110)

Reiffen, H.-J./H. W. Trapp
Einführung in die Analysis
Band II: Theorie der analytischen und differenzierbaren Funktionen.
260 S. 1973. (HTB 786)

Rommelfanger, H.
Differenzen- und Differentialgleichungen
232 S. 1977. Wv.

Rottmann, K.
Mathematische Formelsammlung
176 S. mit 39 Abb. 1962. (HTB 13)

Rottmann, K.
Mathematische Funktionstafeln
208 S. 1959. (HTB 14)

Rottmann, K.
Siebenstellige dekadische Logarithmen
194 S. 1960. (HTB 17)

Rottmann, K.
Siebenstellige Logarithmen der trigonometrischen Funktionen
440 S. 1961. (HTB 26)

Rutsch, M.
Wahrscheinlichkeit I
350 S. mit Abb. 1974. Wv.

Rutsch, M./K.-H. Schriever
Wahrscheinlichkeit II
404 S. mit Abb. 1976. Wv.

Rutsch, M./K.-H. Schriever
Aufgaben zur Wahrscheinlichkeit
267 S. mit Abb. 1974. Wv.

Schick, K.
Lineare Optimierung
331 S. mit Abb. 1976. (HTB 64)

Schmidt, J.
Mengenlehre. Einführung in die axiomatische Mengenlehre
Band I: 245 S. mit Abb. 2., verb. und erweiterte Aufl. 1974. (HTB 56)

Schwabhäuser, W.
Modelltheorie
Band II: 123 S. 1972. (HTB 815)

Schwartz, L.
Mathematische Methoden der Physik
Band I: Summierbare Reihen, Lebesque-Integral, Distributionen, Faltung. 184 S. 1974. Wv.

Schwarz, W.
Einführung in die Siebmethoden der analytischen Zahlentheorie
215 S. 1974. Wv.

Spallek, K.
Kurven und Karten
272 S. 1980. Wv.

Tamaschke, O.
Permutationsstrukturen
276 S. 1969. (HTB 710)

Tamaschke, O.
Schur-Ringe
240 S. 1970. (HTB 735)

Teichmann, H.
Physikalische Anwendungen der Vektor- und Tensorrechnung
231 S. mit 64 Abb. 3. Aufl. 1975. (HTB 39)

Uhde, K.
Spezielle Funktionen der mathematischen Physik
Band I: Tafeln, Zylinderfunktionen. 267 S. 1964. (HTB 55)

Voigt, A./J. Wloka
Hilberträume und elliptische Differentialoperatoren
260 S. 1975. Wv.

Waerden, B. L. van der
Mathematik für Naturwissenschaftler
280 S. mit 167 Abb. 1975. (HTB 281)

Wagner, K.
Graphentheorie
220 S. mit Abb. 1970. (HTB 248)

Walter, R.
Differentialgeometrie
286 S. 1978. Wv.

Walter, W.
Einführung in die Theorie der Distributionen
VIII, 211 S. mit Abb. 1974. Wv.

Weizel, R./J. Weyland
Gewöhnliche Differentialgleichungen. Formelsammlung mit Lösungsmethoden und Lösungen
194 S. mit Abb. 1974. Wv.

Werner, H.
Einführung in die allgemeine Algebra
152 S. 1978. (HTB 120)

Werner, H. und I./P. Janßen/ H. Arndt
Probleme der praktischen Mathematik. Eine Einführung
Band I: mathematische Hilfsmittel, Fehlertheorie, Lösung von Gleichungssystemen u. a.
159 S. 2. Aufl. 1980. (HTB 134)
Band II: Interpolation, Approximation, numerische Differentiation und Integration, gewöhnliche Differentialgleichungen u. a.
169 S. 2. Aufl. 1980. (HTB 135)

Wollny, W.
Reguläre Parkettierung der euklidischen Ebene durch unbeschränkte Bereiche
316 S. mit Abb. 1970. (HTB 711)

Wunderlich, W.
Darstellende Geometrie
Band I: 187 S. mit Abb. 1966. (HTB 96)
Band II: 234 S. mit Abb. 1967. (HTB 133)

Reihe: Jahrbuch Überblicke Mathematik

Herausgegeben von Prof. Dr. S. D. Chatterji, Eidgen. Techn. Hochschule Lausanne, Prof. Dr. Benno Fuchssteiner, Gesamthochschule Paderborn, Prof. Dr. Ulrich Kulisch, Universität Karlsruhe, Prof. Dr. Detlef Laugwitz, Techn. Hochschule Darmstadt, Prof. Dr. Roman Liedl, Universität Innsbruck.

Jahrbuch Überblicke Mathematik 1975. 181 S. mit Abb. 1975. Wv.

Jahrbuch Überblicke Mathematik 1976. 204 S. mit Abb. 1976. Wv.

Jahrbuch Überblicke Mathematik 1978. 224 S. 1978. Wv.

Jahrbuch Überblicke Mathematik 1979. 206 S. 1979. Wv.

Jahrbuch Überblicke Mathematik 1980. 214 S. 1980. Wv.

Jahrbuch Überblicke Mathematik 1981. 264 S. 1981. Wv.

Reihe: Überblicke Mathematik

Herausgegeben von Prof. Dr. Detlef Laugwitz, Techn. Hochschule Darmstadt.

Band 1: 213 S. 1968. (HTB 161)
Band 2: 210 S. 1969. (HTB 232)
Band 3: 157 S. 1970. (HTB 247)
Band 4: 123 S. 1972. Wv.
Band 5: 186 S. 1972. Wv.
Band 6: 242 S. mit Abb. 1973. Wv.
Band 7: 265, II S. mit Abb. 1974. Wv.

Reihe: Methoden und Verfahren der mathematischen Physik

Herausgegeben von Prof. Dr. Bruno Brosowski, Universität Frankfurt, und Prof. Dr. Erich Martensen, Universität Karlsruhe.

Band 1: 183 S. 1969. (HTB 720)
Band 2: 179 S. 1970. (HTB 721)
Band 3: 176 S. 1970. (HTB 722)
Band 4: 177 S. 1971. (HTB 723)
Band 5: 199 S. 1971. (HTB 724)
Band 6: 163 S. 1972. (HTB 725)
Band 7: 176 S. 1972. (HTB 726)
Band 8: 222 S. mit Abb. 1973. Wv.
Band 9: 201 S. mit Abb. 1973. Wv.
Band 10: 184 S. 1973. Wv.
Band 11: 190 S. mit Abb. 1974. Wv.
Band 12: 214 S. mit Abb. 1975. Mathematical Geodesy, Part 1. Wv.

Band 13: 206 S. mit Abb. 1975.
Mathematical Geodesy, Part 2. Wv.
Band 14: 176 S. mit Abb. 1975.
Mathematical Geodesy, Part 3. Wv.
Band 15: 166 S. 1976. Wv.
Band 16: 180 S. 1976. Wv.

Informatik

Alefeld, G./J. Herzberger/ O. Mayer
Einführung in das Programmieren mit ALGOL 60
164 S. 1972. (HTB 777)

Bosse, W.
Einführung in das Programmieren mit ALGOL W
249 S. 1976. (HTB 784)

Breuer, H.
Algol-Fibel
120 S. mit Abb. 1973. (HTB 506)

Breuer, H.
Fortran-Fibel
85 S. mit Abb. 1969. (HTB 204)

Breuer, H.
PL/1-Fibel
106 S. 1973. (HTB 552)

Breuer, H.
Taschenwörterbuch der Programmiersprachen ALGOL, FORTRAN, PL/1
157 S. 1976. (HTB 181)

Bruderer, H. E.
Nichtnumerische Datenverarbeitung
267 S. mit 60 Abb. 2. Aufl. 1980. Wv.

Dotzauer, E.
Einführung in APL
248 S. 1978. (HTB 753)

Haase, V./W. Stucky
BASIC
Programmieren für Anfänger
230 S. 1977. (HTB 744)

Händler, W./G. Nees (Hrsg.)
Rechnergestützte Aktivitäten CAD
176 S. 1980. (Wv)

Hainer, K.
Numerische Algorithmen auf programmierbaren Taschenrechnern
263 S. 1980. (HTB 805)

Kaucher, E./R. Klatte/Ch. Ullrich
Programmiersprachen im Griff
Band 1: FORTRAN
310 S. 1980. (HTB 795)
Band 2: PASCAL
359 S. 1981. (HTB 796)

Mell, W.-D./P. Preus/P. Sandner
Einführung in die Progammiersprache PL/1
304 S. 1974. (HTB 785)

Mickel, K.-P.
Einführung in die Programmiersprache COBOL
219 S. 2., verbesserte Aufl. 1980. (HTB 745)

Müller, K. H./I. Streker
FORTRAN.
Programmierungsanleitung
215 S. 2. Aufl. 1970. (HTB 804)

Rohlfing, H.
PASCAL. Eine Einführung
217 S. 1978. (HTB 756)

Rohlfing, H.
SIMULA
243 S. mit Abb. 1973. (HTB 747)

Schließmann, H.
Programmierung mit PL/1
206 S. 2., erweiterte Aufl. 1978. (HTB 740)

Weber, H./J. Grami
Numerische Verfahren für programmierbare Taschenrechner I
192 S. 1980. (HTB 803)

Zimmermann, G./J. Höffner
Elektrotechnische Grundlagen der Informatik II
Wechselstromlehre, Leitungen, analoge u. digitale Verarbeitung kontinuierlicher Signale.
194 S. mit Abb. 1974. (HTB 790)

Reihe: Informatik

Herausgegeben von Prof. Dr. Karl Heinz Böhling, Universität Bonn, Prof. Dr. Ulrich Kulisch, Universität Karlsruhe und Prof. Dr. Hermann Maurer, Technische Universität Graz.

Band 1:
Maurer, H.
Theoretische Grundlagen der Programmiersprachen. Theorie der Syntax
254 S. Unveränderter Neudruck 1977. Wv.

Band 2:
Heinhold, J./U. Kulisch
Analogrechnen
242 S. mit Abb. 1976. Wv.

Band 7:
Kameda, T./K. Weihrauch
Einführung in die Codierungstheorie
Teil I: 218 S. 1973. Wv.

Band 8:
Reusch, B.
Lineare Automaten
149 S. mit Abb. 1969. (HTB 708)

Band 9:
Henrici, P.
Elemente der numerischen Analysis
Teil I: 227 S. 1972. (HTB 551)

Band 10:
Böhling, K. H./G. Dittrich
Endliche stochastische Automaten
138 S. 1972. (HTB 766)

Band 11:
Seegmüller, G.
Einführung in die Systemprogrammierung
480 S. mit 83 Abb. 1974. Wv.

Band 12:
Alefeld, G./J. Herzberger
Einführung in die Intervallrechnung
XIII, 398 S. mit Abb. 1974. Wv.

Band 13:
Duske, J./H. Jürgensen
Codierungstheorie
235 S. 1977. Wv.

Band 14:
Böhling, K. H./B. v. Braunmühl
Komplexität bei Turingmaschinen
324 S. 1974. Wv.

Band 15:
Peters, F. E.
Einführung in mathematische Methoden der Informatik
348 S. 1974. Wv.

Band 16:
Wedekind, H.
Datenbanksysteme I
Etwa 240 S. 2., völlig neu bearb. Aufl. 1981. Wv.

Band 18:
Wedekind, H./T. Härder
Datenbanksysteme II
430 S. mit Abb. 1976. Wv.

Band 19:
Kulisch, U.
Grundlagen des numerischen Rechnens. Mathematische Begründung der Rechnerarithmetik
467 S. 1976. Wv.

Band 20:
Zima, H.
Betriebssysteme. Parallele Prozesse
325 S. 2. Aufl. 1980. Wv.

Band 21:
Mies, P./D. Schütt
Feldrechner
150 S. 1976. Wv.

Band 22:
Denert, E./R. Franck
Datenstrukturen
362 S. 1977. Wv.

Band 23:
Ecker, K.
Organisation von parallelen Prozessen. Theorie deterministischer Schedules
280 S. 1977. Wv.

Band 24:
Kaucher, E./R. Klatte/Ch. Ullrich
Höhere Programmiersprachen ALGOL, FORTRAN, PASCAL in einheitlicher und übersichtlicher Darstellung
258 S. 1978. Wv.

Band 25:
Motsch, W.
Halbleiterspeicher. Technik, Organisation und Anwendung
237 S. 1978. Wv.

Band 26:
Görke, W.
Mikrorechner. Eine Einführung in ihre Technik und Funktion
251 S. 2., überarbeitete und erweiterte Aufl. 1980. Wv.

Band 27:
Mayer, O.
Syntaxanalyse
432 S. 1978. Wv.

Band 28:
Schrack, G.
Grafische Datenverarbeitung. Eine Einführung
264 S. 1978. Wv.

Band 29:
Waller, H./P. Hilgers
Mikroprozessoren. Vom Bauteil zur Anwendung
332 S. mit Abb. 1980. Wv.

Band 30:
Reusch, P.
Informationssysteme, Dokumentationssprachen, Data Dictionaries. Eine Einführung
216 S. 1980. Wv.

Band 31:
Ershov, A. P.
Einführung in die Theoretische Programmierung. Gespräche über die Methode
Etwa 450 S. mit Abb. Aus dem Russischen. 1981. Wv.

Band 32:
Koch, G.
Maschinennahes Programmieren von Mikrocomputern
274 S. 1981. Wv.

Band 33:
Stetter, F.
Softwaretechnologie. Eine Einführung
303 S. 1981. Wv.

Band 34:
Balzert, H.
Die Entwicklung von Software-Systemen. Prinzipien, Methoden, Sprachen, Werkzeuge
Etwa 300 S. 1981. Wv.

Physik

Baltes, H. P./E. R. Hilf
Spectra of Finite Systems
116 S. In englischer Sprache. 1976. Wv.

Barut, A. O.
Die Theorie der Streumatrix für die Wechselwirkungen fundamentaler Teilchen
Band I: Gruppentheoretische Beschreibung der S-Matrix.
225 S. mit Abb. Aus dem Englischen. 1971. (HTB 438)
Band II: Grundlegende Teilchenprozesse.
212 S. mit Abb. Aus dem Englischen. 1971. (HTB 555)

Bethge, K.
Quantenphysik. Eine Einführung in die Atom- und Molekülphysik
271 S. 1978. Wv. Unter Mitarbeit von Dr. G. Gruber, Universität Frankfurt.

Bjorken, J. D./S. D. Drell
Relativistische Quantenmechanik
312 S. mit Abb. 1966. Aus dem Englischen. (HTB 98)

Bjorken, J. D./S. D. Drell
Relativistische Quantenfeldtheorie
409 S. Unveränderter Neudruck 1978. Aus dem Englischen. (HTB 101)

Bleuler, K./H. R. Petry/D. Schütte (Hrsg.)
Mesonic Effects in Nuclear Structure
181 S. mit Abb. In englischer Sprache. 1975. Wv.

Blum, P./K. Schuchardt/V. Gärtner
Die Hochatmosphäre. Eine Einführung
Etwa 250 S. mit zahlr. Abb. 1981. Wv.

Bodenstedt, E.
Experimente der Kernphysik und ihre Deutung
Band I: 290 S. mit Abb. 2., durchgesehene Aufl. 1979. Wv.
Band II: XIV, 293 S. mit Abb. 2., durchgesehene Aufl. 1978. Wv.
Band III: 303 S. mit Abb. 2., durchgesehene Aufl. 1979. Wv.

Borucki, H.
Einführung in die Akustik
236 S. 2., durchgesehene Aufl. 1980. Wv.

Donner, W.
Einführung in die Theorie der Kernspektren
Band II: Erweiterung des Schalenmodells, Riesenresonanzen. 107 S. mit Abb. 1971. (HTB 556)

Eder, G.
Quantenmechanik I
273 S. 2. Aufl. 1980. Wv.

Eder, G.
Atomphysik
Quantenmechanik II
259 S. 1978. Wv.

Eder, G.
Elektrodynamik
273 S. 1967. (HTB 233)

Emendörfer, D./K. H. Höcker
Theorie der Kernreaktoren
Band 1: Der stationäre Reaktor. Etwa 380 S. mit Abb. 2., neu bearbeitete Aufl. 1981. Wv.

Fick, D.
Einführung in die Kernphysik mit polarisierten Teilchen
VI, 255 S. mit Abb. 1971. (HTB 755)

Gasiorowicz, S.
Elementarteilchenphysik
742 S. mit 119 Abb. 1975. Aus dem Englischen. Wv.

Groot, S. R. de
Thermodynamik irreversibler Prozesse
216 S. mit 4 Abb. 1960. Aus dem Englischen. (HTB 18)

Groot, S. R. de/P. Mazur
Anwendung der Thermodynamik irreversibler Prozesse
349 S. 1974. Aus dem Englischen. Wv.

Haken, H.
Licht und Materie I.
Elemente der Quantenoptik
155 S. 1979. Wv.

Haken, H.
Licht und Materie II.
Laser
Etwa 160 S. 1981. Wv.

Heisenberg, W.
Physikalische Prinzipien der Quantentheorie
117 S. mit 22 Abb. 1958. (HTB 1)

Henley, E. M./W. Thirring
Elementare Quantenfeldtheorie
336 S. mit Abb. 1975. Aus dem Englischen. Wv.

Hund, F.
Geschichte der physikalischen Begriffe
Teil I: Die Entstehung des mechanischen Naturbildes. 221 S. 2., neu bearbeitete Aufl. 1978. (HTB 543)
Teil II: Die Wege zum heutigen Naturbild. 233 S. 2., neu bearbeitete Aufl. 1978. (HTB 544)

Hund, F.
Geschichte der Quantentheorie
262 S. mit Abb. 2. Aufl. 1975. Wv.

Hund, F.
Grundbegriffe der Physik
Teil I: Makroskopische Vorgänge.
150 S. mit Abb. 2., neu bearbeitete Aufl. 1979. (HTB 449)
Teil II: Mikroskopischer Hintergrund.
151 S. mit Abb. 2., neu bearbeitete Aufl. 1979. (HTB 450)

Källén, G./J. Steinberger
Elementarteilchenphysik
687 S. mit Abb. 2., verbesserte Aufl. 1974. Aus dem Englischen. Wv.

Kippenhahn, R./C. Möllenhoff
Elementare Plasmaphysik
297 S. mit Abb. 1975. Wv.

Luchner, K.
Aufgaben und Lösungen zur Experimentalphysik
Band I: Mechanik, geometrische Optik, Wärme.
158 S. mit Abb. 1967. (HTB 155)
Band II: Elektromagnetische Vorgänge.
150 S. mit Abb. 1966. (HTB 156)
Band III: Grundlagen zur Atomphysik.
125 S. mit Abb. 1973. (HTB 157)

Lüscher, E.
Experimentalphysik
Band I: Mechanik, geometrische Optik, Wärme.
Band I/1. Teil: 260 S. mit Abb. 1967. (HTB 111)
Band I/2. Teil: 215 S. mit Abb. 1967. (HTB 114)
Band II: Elektromagnetische Vorgänge.
Etwa 330 S. 2., überarb. Aufl. 1981. (HTB 115)

Lüst, R.
Hydrodynamik
234 S. 1978. Wv.

Mitter, H.
Elektrodynamik
391 S. 1980. (HTB 707)

Mitter, H.
Quantentheorie
313 S. mit Abb. 2. Aufl. 1979. (HTB 701)

Møller, C.
Relativitätstheorie
316 S. 1977. Wv.

Neff, H.
Physikalische Meßtechnik
160 S. mit Abb. 1976. (HTB 66)

Neuert, H.
Experimentalphysik für Mediziner, Zahnmediziner, Pharmazeuten und Biologen
292 S. mit Abb. 1969. (HTB 712)

Neuert, H.
Physik für Naturwissenschaftler
Band I: Mechanik und Wärmelehre.
173 S. 1977. (HTB 727)
Band II: Elektrizität und Magnetismus, Optik. 198 S. 1977. (HTB 728)
Band III: Atomphysik, Kernphysik, chemische Analyseverfahren.
326 S. 1978. (HTB 729)

Nitsch, J./J. Pfarr/ E.-W. Stachow (Hrsg.)
Grundlagenprobleme der modernen Physik
Etwa 180 S. 1981. Wv.

Rollnik, H.
Physikalische und mathematische Grundlagen der Elektrodynamik
217 S. mit ca. 30 Abb. 1976. (HTB 297)

Rollnik, H.
Teilchenphysik
Band I: Grundlegende Eigenschaften von Elementarteilchen.
Etwa 188 S. 2. Aufl. 1981. (HTB 706)
Band II: Innere Symmetrien der Elementarteilchen.
158 S. mit Abb. z. T. farbig. 1971. (HTB 759)

Rose, M. E.
Relativistische Elektronentheorie
Band I: 193 S. mit Abb. 1971. Aus dem Englischen. (HTB 422)
Band II: 171 S. mit Abb. 1971. Aus dem Englischen. (HTB 554)

Scherrer, P./P. Stoll
Physikalische Übungsaufgaben
Band I: Mechanik und Akustik.
96 S. mit 44 Abb. 1962. (HTB 32)
Band II: Optik, Thermodynamik, Elektrostatik.
103 S. mit Abb. 1963. (HTB 33)
Band III: Elektrizitätslehre, Atomphysik.
103 S. mit Abb. 1964. (HTB 34)

Schütte, D./K. Holinde/ K. Bleuler (Hrsg.)
The Meson Theory of Nuclear Forces and Nuclear Matter
393 S. 1980. Wv.

Seiler, H.
Abbildungen von Oberflächen mit Elektronen, Ionen und Röntgenstrahlen
131 S. mit Abb. 1968. (HTB 428)

Sexl, R. U./H. K. Urbantke
Gravitation und Kosmologie. Eine Einführung in die Allgemeine Relativitätstheorie
335 S. mit Abb. 1975. Wv.

Teichmann, H.
Einführung in die Atomphysik
135 S. mit 47 Abb. 3. Auflage 1966. (HTB 12)

Teichmann, H.
Halbleiter
156 S. mit 55 Abb. 3. Auflage 1969. (HTB 21)

Wagner, C.
Methoden der naturwissenschaftlichen und technischen Forschung
219 S. mit Abb. 1974. Wv.

Wehefritz, V.
Physikalische Fachliteratur
171 S. 1969. (HTB 440)

Weizel, W.
Einführung in die Physik
Band III: Optik und Atomphysik.
194 S. mit 99 Abb. 5. Auflage 1963. (HTB 5)

Weizel, W.
Physikalische Formelsammlung
Band II: Optik, Thermodynamik, Relativitätstheorie.
148 S. 1964. (HTB 36)
Band III: Quantentheorie.
196 S. mit zweifarbigem Druck der Formeln. 1966. (HTB 37)

Zimmermann, P.
Eine Einführung in die Theorie der Atomspektren
91 S. mit Abb. 1976. (Wv)

Astronomie

Becker, F.
Geschichte der Astronomie
201 S. 4. Aufl. 1980. Wv.

Schaifers, K.
Atlas zur Himmelskunde
88 S. 1969. (HTB 308)

Scheffler, H./H. Elsässer
Physik der Sterne und der Sonne
535 S. mit Abb. 1974. Wv.

Schneider, M.
Himmelsmechanik
480 S. mit Abb. 2., verbesserte Aufl. 1981. Wv.

Schurig, R./P. Götz/K. Schaifers
Himmelsatlas (Tabuale caelestes)
44 S. 8. Aufl. 1960. Wv.

Voigt, H. H.
Abriß der Astronomie
558 S. mit Abb. 3., überarbeitete Aufl. 1980. Wv.

Philosophie

Enzyklopädie Philosophie und Wissenschaftstheorie in 3 Bänden
Herausgegeben von Jürgen Mittelstraß. Rund 4 000 Stichwörter auf etwa 2 400 Seiten. Wv.

Kamlah, W.
Philosophische Anthropologie. Sprachkritische Grundlegung und Ethik
192 S. 1973. (HTB 238)

Kamlah, W.
Von der Sprache zur Vernunft. Philosophie und Wissenschaft in der neuzeitlichen Profanität
230 S. 1975. Wv.

Kamlah, W./P. Lorenzen
Logische Propädeutik.
Vorschule des vernünftigen Redens
239 S. 2., verb. und erweiterte Aufl. 1973. (HTB 227)

Kanitscheider, B.
Vom absoluten Raum zur dynamischen Geometrie
139 S. 1976. Wv.

Leinfellner, W.
Einführung in die Erkenntnis- und Wissenschaftstheorie
227 S. 3. Aufl. 1980. (HTB 41)

Lorenzen, P.
Normative Logic and Ethics
89 S. 1969. In englischer Sprache. (HTB 236)

Lorenzen, P./O. Schwemmer
Konstruktive Logik, Ethik und Wissenschaftstheorie
331 S. mit Abb. 2., verbesserte Aufl. 1975. (HTB 700)

Mittelstaedt, P.
Philosophische Probleme der modernen Physik
227 S. mit 12 Abb. 5., überarbeitete Aufl. 1976. (HTB 50)

Mittelstaedt, P.
Die Sprache der Physik
139 S. 1972. Wv.

Reihe: Grundlagen der exakten Naturwissenschaften

Herausgegeben von Prof. Dr. Peter Mittelstaedt, Universität Köln.

Band 1:
Mittelstaedt, P./J. Pfarr (Hrsg.)
Grundlagen der Quantentheorie
159 S. 1980. Wv.

Band 2:
Strohmeyer, I.
Transzendentalphilosophische und physikalische Raum-Zeit-Lehre
184 S. 1980. Wv.

Band 3:
Mittelstaedt, P.
Der Zeitbegriff in der Physik
188 S. 2., verbesserte und erweiterte Aufl. 1980. Wv.

Band 4:
Pfarr, J. (Hrsg.)
Protophysik und Relativitätstheorie
240 S. 1981. Wv.

Band 5:
Neumann, H. (Hrsg.)
Interpretations and Foundations of Quantum Theory
144 S. 1981. In englischer Sprache. Wv.

Chemie

Grimmer, G.
Biochemie
376 S. mit Abb. 1969. (HTB 187)

Kaiser, R.
Chromatographie in der Gasphase
Band I: Gas-Chromatographie.
220 S. mit 81 Abb. 2. Aufl. 1973. (HTB 22)
Band IV/2. Teil: Quantitative Auswertung.
118 S. mit Abb. 2., erweiterte Aufl. 1969. (HTB 472)

Laidler, K. J.
Reaktionskinetik
Band I: Homogene Gasreaktionen.
216 S. mit Abb. 1970. Aus dem Englischen. (HTB 290)

Preuß, H.
Quantentheoretische Chemie
Band I: Die halbempirischen Regeln.
94 S. mit 19 Abb. 1963. (HTB 43)
Band II: Der Übergang zur Wellenmechanik, die allgemeinen Rechenverfahren.
238 S. mit 19 Abb. 1965. (HTB 44)
Band III: Wellenmechanische und methodische Ausgangspunkte.
222 S. mit Abb. 1967. (HTB 45)

Riedel, I.
Physikalische Chemie.
Eine Einführung für Ingenieure
406 S. mit Abb. 1974. Wv.

Schmidt, M.
Anorganische Chemie
Band I: Hauptgruppenelemente.
301 S. mit Abb. 1967. (HTB 86)
Band II: Übergangsmetalle.
221 S. mit Abb. 1969. (HTB 150)

Medizin

Forth, W./D. Henschler/
W. Rummel (Hrsg.)
Allgemeine und spezielle
Pharmakologie und Toxikologie
Für Studenten der Medizin, Veterinärmedizin, Pharmazie, Chemie, Biologie sowie für Ärzte und Apotheker
3., überarbeitete Aufl. 1980. 688 S. Über 400 meist zweifarbige Abb. sowie mehr als 280 Tabellen. Wv.

Haas, H.
Ursprung, Geschichte und Idee der Arzneimittelkunde
(Reihe: Pharmakologie und Toxikologie, Band 1)
178 S. 1981. Wv.

Ingenieurwissenschaften

Billet, R.
Grundlagen der thermischen Flüssigkeitszerlegung
150 S. mit 50 Abb. 1962. (HTB 29)

Billet, R.
Optimierung in der Rektifiziertechnik unter besonderer Berücksichtigung der Vakuumrektifikation
129 S. mit Abb. 1967. (HTB 261)

Billet, R.
Trennkolonnen für die Verfahrenstechnik
151 S. mit Abb. 1971. (HTB 548)

Böhm, H.
Einführung in die Metallkunde
236 S. mit Abb. 1968. (HTB 196)

Bosse, G.
Grundlagen der Elektrotechnik
Band I: Das elektrostatische Feld und der Gleichstrom. Unter Mitarbeit von W. Mecklenbräuker. 141 S. mit Abb. 1966. (HTB 182)
Band II: Das magnetische Feld und die elektromagnetische Induktion. Unter Mitarbeit von G. Wiesemann.
154 S. mit Abb. 2., überarbeitete Aufl. 1978. (HTB 183)
Band III: Wechselstromlehre, Vierpol- und Leitungstheorie. Unter Mitarbeit von A. Glaab.
135 S. 2., überarbeitete Aufl. 1978. (HTB 184)
Band IV: Drehstrom, Ausgleichsvorgänge in linearen Netzen. Unter Mitarbeit von J. Hagenauer.
164 S. mit Abb. 1973. (HTB 185)

Feldtkeller, E.
Dielektrische und magnetische Materialeigenschaften
Band I: Meßgrößen, Materialübersicht und statistische Eigenschaften.
242 S. mit Abb. 1973. (HTB 485)
Band II: Piezoelektrische/ magnetostriktive und dynamische Eigenschaften.
188 S. mit Abb. 1974. (HTB 488)

Glaab, A./J. Hagenauer
Übungen in Grundlagen der Elektrotechnik III, IV
228 S. mit Abb. 1973. (HTB 780)

Gross, D./W. Schnell
Formel- und Aufgabensammlung zur Technischen Mechanik II. Elastostatik
180 S. mit Abb. 1980. (HTB 792)

Klein, W.
Vierpoltheorie
159 S. mit Abb. 1972. Wv.

Mahrenholtz, O.
Analogrechnen in Maschinenbau und Mechanik
208 S. mit Abb. 1968. (HTB 154)

Marguerre, K./H. Wölfel
Technische Schwingungslehre. Lineare Schwingungen vielgliedriger Gebilde
338 S. 1979. Wv.

Marguerre, K./H.-T. Woernle
Elastische Platten
242 S. mit 125 Abb. 1975. Wv.

Mesch, F.
Meßtechnisches Praktikum.
Für Maschinenbauer und Verfahrenstechniker.
217 S. mit Abb. 3., überarbeitete Aufl. 1981. (HTB 736)

Pestel, E.
Technische Mechanik
Band I: Statik.
Etwa 280 S. 2., neu bearb. und ergänzte Aufl. 1981. Wv.

Pestel, E./J. Wittenburg
Technische Mechanik
Band 2: Festigkeitslehre
Etwa 350 S. mit über 350 Abb. 1981. Wv.

Piefke, G.
Feldtheorie
Band I: Maxwellsche Gleichungen, Elektrostatik, Wellengleichung, verlustlose Leitungen.
264 S. Verbesserter Nachdruck 1977. (HTB 771)
Band II: Verlustbehaftete Leitungen, Grundlagen der Antennenabstrahlung, Einschwingvorgang.
231 S. mit Abb. 1973. (HTB 773)
Band III: Beugungs- und Streuprobleme, Wellenausbreitung in anisotropen Medien.
362 S. 1977. (HTB 782)

Sagirow, P.
Satellitendynamik
191 S. 1970. (HTB 719)

Schnell, W./D. Gross
Formel- und Aufgabensammlung zur Technischen Mechanik I. Statik
180 S. mit Abb. 1979. (HTB 791)

Schnell, W./D. Gross
Formel- und Aufgabensammlung zur Technischen Mechanik III. Kinetik
180 S. mit Abb. 1980. (HTB 793)

Schrader, K.-H.
Die Deformationsmethode als Grundlage einer problemorientierten Sprache
137 S. mit Abb. 1969. (HTB 830)

Stüwe, H. P.
Einführung in die Werkstoffkunde
197 S. mit Abb. 2., verbesserte Aufl. 1978. (HTB 467)

Stüwe, H. P./G. Vibrans
Feinstrukturuntersuchungen in der Werkstoffkunde
138 S. mit Abb. 1974. Wv.

Troost, A.
Einführung in die allgemeine Werkstoffkunde metallischer Werkstoffe I
507 S. mit Abb. 1980. Wv.

Waller, H./W. Krings
Matrizenmethoden in der Maschinen- und Bauwerksdynamik
377 S. mit 159 Abb. 1975. Wv.

Wasserrab, Th.
Gaselektronik
Band I: Atomtheorie.
223 S. mit Abb. 1971. (HTB 742)
Band II: Niederdruckentladungen, Technik der Gasentladungsventile.
230 S. mit Abb. 1972. (HTB 769)

Wiesemann, G.
Übungen in Grundlagen der Elektrotechnik II
202 S. mit Abb. 1976. (HTB 779)

Wiesemann, G./W. Mecklenbräuker
Übungen in Grundlagen der Elektrotechnik I
179 S. mit Abb. 1973. (HTB 778)

Wolff, I.
Grundlagen und Anwendungen der Maxwellschen Theorie
Band I: Mathematische Grundlagen, die Maxwellschen Gleichungen, Elektrostatik.
236 S. mit Abb. 1968. (HTB 818)
Band II: Strömungsfelder, Magnetfelder, quasistationäre Felder, Wellen.
263 S. mit Abb. 1970. (HTB 731)

Reihe: Theoretische und experimentelle Methoden der Regelungstechnik

Herausgegeben von Gerhard Preßler, Hartmann & Braun, Frankfurt.

Band 1:
Preßler, G.
Regelungstechnik
348 S. mit 235 Abb. 3., überarbeitete Aufl. 1967. (HTB 63)

Band 4:
Klefenz, G.
Die Regelung von Dampfkraftwerken
229 S. mit Abb. 2., verbesserte Aufl. 1975. Wv.

Band 8/9:
Starkermann, R.
Die harmonische Linearisierung
Band I: 201 S. mit Abb. 1970. (HTB 469)
Band II: 83 S. mit Abb. 1970. (HTB 470)

Band 10:
Starkermann, R.
Mehrgrößen-Regelsysteme
Band I: 173 S. mit Abb. 1974. Wv.

Band 12:
Schwarz, H.
Optimale Regelung linearer Systeme
242 S. mit Abb. 1976. Wv.

Band 13:
Latzel, W.
Regelung mit dem Prozeßrechner (DDC)
213 S. mit über 100 Abb. 1977. Wv.

Reihe: Gesellschaft, Recht, Wirtschaft

Herausgegeben von Prof. Dr. Eduard Gaugler, Dr. Wolfgang Goedecke, Prof. Dr. Heinz König, Prof. Dr. Günther Wiese, Prof. Dr. Rudolf Wildenmann, Universität Mannheim.

Band 1:
Albert, H./M. C. Kemp/ W. Krelle/G. Menges/ W. Meyer
Ökonometrische Modelle und sozialwissenschaftliche Erkenntnisprogramme
111 S. 1978. Wv.

Band 2:
Bogaert, R./P. C. Hartmann
Essays zur historischen Entwicklung des Bankensystems
48 S. 1980. Wv.

Band 3:
Nerlove, M./S. Heiler/ H.-J. Lenz/B. Schips/ H. Garbers
Problems of Time Series Analysis
104 S. 1980. Wv.

Band 4:
Aumann, R. J./J. C. Harsanyi/ W. Hildenbrand/M. Maschler/ M. A. Perles/J. Rosenmüller/ R. Selten/M. S. Shubik G. L. Thompson
Problems of Game Theory
200 S. 1981. In englischer Sprache. Wv.

Band 5:
Steinmann, H./G. Gäfgen/ W. Blomeyer
Die Kosten der Mitbestimmung
139 S. 1981. Wv.

Geographie/Geologie/ Völkerkunde

Ganssen, R.
Grundsätze der Bodenbildung
135 S. mit 19 Zeichnungen und einer mehrfarbigen Tafel. 1965. (HTB 327)

Gierloff-Emden, H.-G./
H. Schroeder-Lanz
Luftbildauswertung
Band I: Grundlagen.
154 S. mit Abb. 1970. (HTB 358)

Kertz, W.
Einführung in die Geophysik
Band I: Erdkörper.
232 S. mit Abb. 1969. (HTB 275)
Band II: Obere Atmosphäre und Magnetosphäre.
210 S. mit Abb. 1971. (HTB 535)

Möller, F.
Einführung in die Meteorologie
Band I: Meteorologische Elementarphänomene.
222 S. mit Abb. und 6 Farbtafeln. 1973. (HTB 276)
Band II: Komplexe meteorologische Phänomene.
223 S. mit Abb. 1973. (HTB 288)

Schwidetzky, I.
Grundlagen der Rassensystematik
180 S. mit Abb. 1974. Wv.

Wunderlich, H.-G.
Bau der Erde.
Geologie der Kontinente und Meere
Band II: Asien, Australien.
164 S., 16 S. farbige Abb. 1975. Wv.

Wunderlich, H.-G.
Einführung in die Geologie
Band I: Exogene Dynamik.
214 S. mit ca. 50 Abb. und 24 farbigen Bildern. 1968. (HTB 340)
Band II: Endogene Dynamik.
231 S. mit Abb. und farbigen Bildern. 1968. (HTB 341)

B.I.-Hochschulatlanten

Dietrich, G./J. Ulrich (Hrsg.)
Atlas zur Ozeanographie
76 S. 1968. (HTB 307)

Schaifers, K. (Hrsg.)
Atlas zur Himmelskunde
96 S. 1969. (HTB 308)

Schmithüsen, J. (Hrsg.)
Atlas zur Biogeographie
80 S. 1976. (HTB 303)

Wagner, K. (Hrsg.)
Atlas zur physischen Geographie (Orographie)
59 S. 1971. (HTB 304)